MONOGRAPHIEN AUS DEM GESAMTGEBIETE DER NEUROLOGIE

UND PSYCHIATRIE

HEFT 112

HERAUSGEGEBEN VON

M. MÜLLER-RÜFENACHT (BERN) · H. SPATZ-FRANKFURT

P. VOGEL-HEIDELBERG

ZUR ÄTIOLOGIE UND NOSOLOGIE ENDOGENER DEPRESSIVER PSYCHOSEN

Eine genetische, soziologische und klinische Studie

JULES ANGST

SPRINGER-VERLAG · BERLIN · HEIDELBERG · NEW YORK · 1966

ISBN 978-3-540-03620-3   ISBN 978-3-642-88741-3 (eBook)
DOI 10.1007/978-3-642-88741-3

Titel-Nr. 6444

Inhaltsverzeichnis

Zur Ätiologie und Nosologie endogener depressiver Psychosen

I. Einführung

Unter den endogenen Psychosen sind die manischen und depressiven Psychosen im Vergleich zur Schizophrenie bedeutend weniger erforscht. Die Gründe dafür sind vielfältig: Die eher vernachlässigten affektiven Erkrankungen sind vielleicht seltener, sie heilen in der Regel ab und belasten somit die Sozietät und die psychiatrischen Kliniken weniger, sie faszinieren nicht durch eine besonders schillernde, widersprüchliche und rätselhafte Symptomatik und schließlich sind manische und endogen depressive Erkrankungen gewissen psychotherapeutischen Bemühungen wegen ihrer größeren Umweltstabilität weniger zugänglich. Obwohl auch innerhalb der modernen Pharmakotherapie endogener Psychosen vorerst die neuroleptische Behandlung der Schizophrenie völlig im Vordergrund gestanden hatte, begann sich doch in den letzten acht Jahren seit der Entwicklung von Antidepressiva die Aufmerksamkeit wachsend auf die endogenen Depressionen zu richten. Dies ist um so mehr zu begrüßen, als man sich doch ernstlich fragt, ob gewisse Probleme, welche sich auch bei der Schizophrenie stellen, sich nicht besser am einfacheren Objekt, nämlich an den endogenen Depressionen und Manien, studieren lassen.

Die Klinikaufnahmen von endogenen Depressionen und Manien sind in den letzten zehn Jahren in der Schweiz ständig gewachsen. Nach dem statistischen Jahrbuch der Schweiz von 1964 nahmen die Ersteintritte wegen manisch-depressivem Kranksein in den Jahren 1950—1961 von 352 auf 651 Patienten, das heißt um 85%, zu. Im gleichen Zeitraum sanken die Aufnahmen wegen Schizophrenie von 1511 auf 1337 (—11%). Ein Teil der Involutionsdepressionen ist wahrscheinlich dabei nicht mitgerechnet, weil letztere statistisch auch unter den involutiven Erkrankungen figurieren und die Zuordnung zu den manisch-depressiven Krankheiten von Klinik zu Klinik variiert. KIELHOLZ hatte schon 1959 auf die Zunahme der Klinikaufnahmen Depressiver in Basel hingewiesen, wo sich vor allem ein besonders starkes Überwiegen der Frauen zeigte. Die Überalterung der Bevölkerung dürfte bei der absoluten Zunahme und beim weiteren Überhandnehmen der erkrankten Frauen eine wesentliche Rolle spielen, reicht doch das Gefährdungsalter für endogene Depressionen und Involutionsmelancholien bis 70 oder 80 Jahre.

Die vorliegende Untersuchung entstand aus der wachsenden Bedeutung und aus den praktischen Behandlungsproblemen, welche heute den endogenen Depressionen zukommen. Unter dem Einfluß der amerikanischen Psychiatrie und zum Teil gewachsen aus der psychoanalytischen Forschung, zeigt sich eine starke *Tendenz zur Auflösung der klassischen Nosologie.* Teilweise zu Recht wird eine konsequente beschreibende syndromale Diagnostik und Indikationsstellung gefordert. Daß dabei allerdings niemals auf genaue nosologische Klassifizierungen verzichtet werden darf, soll die vorliegende ätiologische Untersuchung endogener Depressionen beleuchten.

Ein erstes Ziel klinischer Forschung ist die Beschreibung und Abgrenzung einzelner Krankheitsformen. In der Psychiatrie herrscht diesbezüglich bis heute noch keinerlei Einheitlichkeit. Voraussetzung für eine erfolgreiche naturwissenschaftliche Grundlagenforschung im Bereich der endogenen Psychosen wäre jedoch die klinische Iso-

lierung homogener nosologischer Einheiten. Nur an einem homogenen Krankengut
können erfolgversprechende Untersuchungen ansetzen. Die mancherorts übliche allei-
nige Berücksichtigung der Symptomatologie bietet keine genügende Gewähr für die
diagnostische Einheitlichkeit des Krankengutes. Besonders auf dem Gebiet der Depres-
sionsforschung herrscht heute darum ein diagnostisches Durcheinander. Ganze Länder
beschränken sich fast nur noch auf die Stellung einer Syndromdiagnose „depressive
state" unter Vernachlässigung der Ätiologie und damit auch unter Verzicht auf eine
differenzierende Therapie. KRAEPELIN (1910) hob als Begründer der klassischen
psychiatrischen Nosologie hervor, daß die bewußte Unterscheidung zwischen Zu-
standsbildern (Syndromen) und Krankheitsformen, welche namentlich auf KAHLBAUM
(1863) zurückgeht, eine befriedigende klinische Betrachtungsweise überhaupt erst
ermöglichen. Das Zurückgehen auf die Diagnose „depressives Zustandsbild" stellt
somit einen Rückschritt in die erste Hälfte des vergangenen Jahrhunderts dar.

Die psychiatrische Diagnostik gründet auf einer sorgfältigen somatischen Untersuchung und auf der Beschreibung von psychischer Symptomatologie und Verlauf.
Die klassischen genetischen Untersuchungen haben ferner erwiesen, daß das Familienbild gewisser diagnostischer Einheiten, im speziellen auch der endogenen Psychosen,
typische Konstellationen zeigt. In den Arbeiten zur Ätiologie der endogenen Psychosen sind trotzdem in den letzten Jahrzehnten die genetischen Untersuchungen zu
Unrecht stark in den Hintergrund getreten.

Die vorliegende ätiologische Untersuchung wird aus der Überzeugung heraus durchgeführt, daß die psychiatrische Genetik, obwohl sie vielerorts in Mißkredit gekommen
ist, zum dauerhaftesten Bestand an Kenntnissen über die Ätiologie endogener Psychosen gehört, und daß jede Aussage über die letztere unter Verzicht auf genetische
Aspekte der Wahrheit nur einseitig und ungenügend nahe zu kommen vermag. Der
Aufschwung der gesamten medizinischen Genetik wird hoffentlich auch für die
Psychiatrie der Zukunft bedeutende Erkenntnisse bringen.

Diese Untersuchung will in der Abgrenzung der genetischen Faktoren sich wie die
meisten ähnlichen Arbeiten mit der Bedeutung von exogenen Faktoren für die Ätiologie beschäftigen. Methodisch erwachsen dabei große Schwierigkeiten, da eine psycho-
dynamische Betrachtungsweise sich weitgehend einer statistischen Bearbeitung entzieht.
Andererseits aber kann einem Einzelfall in seiner Evidenz nie genügend Beweiskraft
zukommen, um auf statistische Unterbauung verzichten zu können. Eine statistische
Bearbeitung dieser Probleme ist deshalb wiederum so schwierig, weil psychisches
Geschehen in seiner Komplexität — und gerade darum geht es hier — nicht meßbar
ist. Es soll aber doch nicht völlig darauf verzichtet werden, gröbere, zählbare exogene
Faktoren (z. B. die Häufigkeit eines „broken Home", situative krankheitsauslösende
Momente) in ihrer Wechselbeziehung mit den hereditären Faktoren zu erfassen. Die
Problematik ist dabei die gleiche wie überall in der Medizin, wo eine multifaktorielle
Genese angenommen werden muß, und ist kürzlich bezüglich der Schizophrenie durch
M. BLEULER dargestellt worden.

Schließlich kann eine genetische Untersuchung auch Verbindungen zur Therapie
herstellen mit der Frage, ob Probanden, welche Psychosen in der Verwandtschaft aufweisen, die gleiche Ansprechbarkeit auf Medikamente zeigen wie nichtbelastete Probanden. Ferner interessiert, ob sich familiär eine Ähnlichkeit der Psychosen bezüglich
des psychopathologischen Bildes, des Verlaufs und der Therapieerfolge fassen läßt.

Unsere *Fragestellung* konzentriert sich im wesentlichen auf die folgenden Themen:
1. Die ätiologische Bedeutung von auslösenden somatischen und psychischen Faktoren für die endogenen Depressionen.
2. Die Häufigkeit endogener Psychosen in der Verwandtschaft depressiver Probanden und die ätiologische Bedeutung genetischer Faktoren.
Dabei werden die beiden Themenkreise in ständiger Korrelation analysiert zu:
a) nosologischen Gesichtspunkten,
b) syndromaler Klassifizierung,
c) anderen klinischen Merkmalen (Geschlecht, Erkrankungsalter, Verlaufsform der Erkrankung, prämorbide Persönlichkeit u. a.).
Es muß in der vorliegenden Arbeit die Veröffentlichung von Kasuistik unterbleiben. Die Stärke der Untersuchung liegt darin, daß die meisten Probanden während ihrer letzten Krankheitsphasen von mir selbst untersucht und behandelt worden sind. Die durchgehende Vergleichbarkeit der psychopathologischen und genetischen Befunde dürfte deshalb besonders hoch sein. Zugunsten der genetischen Aspekte wurde auch auf eine detaillierte Zusammenfassung der Psychopathologie und vor allem der Behandlungsverläufe und Katamnesen verzichtet. Diese Befunde müssen späteren Veröffentlichungen vorbehalten bleiben. Ferner muß darauf verzichtet werden, in jedem Abschnitt die ganze Literatur zu würdigen. Das Hauptgewicht liegt stets auf der Darlegung der eigenen Befunde. Die Literatur kann nur bruchstückweise berücksichtigt werden.
Wegweisend für die Untersuchung ist die Arbeit von M. BLEULER (1941) über den Verlauf der Schizophrenie, aus der viele Fragestellungen übernommen werden konnten, weil sie ebenso genau für die endogenen Depressionen gelten. Ferner hält sich die Untersuchung in vielem an das Vorbild der klassischen genetisch-soziologischen Studien von STENSTEDT über die manisch-depressiven Psychosen (1952) und die Involutionsmelancholien (1959), welche die letzten großen Arbeiten über die endogenen Depressionen waren.
Die Studie, welche sich auf die sechs Jahre 1959—1964 erstreckt (mehr als 2 Jahre davon waren ausschließlich der Therapie und Genetik endogen Depressiver gewidmet), wurde durch die Firma J. R. Geigy AG., Basel, verdankenswert gefördert.

II. Das Material

Das Untersuchungsgut besteht aus endogenen Depressionen im weiteren Sinne unter Ausschluß der Schizophrenie. Es umfaßt alle Kranken, die in den Jahren 1959—1963 in die Psychiatrische Universitätsklinik Zürich aufgenommen wurden. Die Fälle wurden auf Grund der Diagnosenlisten eruiert und nur dann ins Untersuchungsgut einbezogen, wenn die Diagnose *endogene Depression, Depression bei manisch-depressivem Kranksein* (MDK, MDP) oder *Involutionsdepression* gestellt worden war. Die Überprüfung der Krankengeschichte ergab, daß von 387 Fällen 56 ausgeschieden werden mußten, weil sie diagnostisch anders gelagert waren. Das ausgeschiedene Material umfaßt 33 schizophrene Depressionen, 1 Depression reaktiver Genese bei Schwachsinn, 1 Epilepsie, 3 Psychopathien, 8 einfache reaktive Depressionen, 5 neurotische Depressionen, 1 senile Demenz und 1 Lues. Drei Fälle von endogenen Depressionen konnten nicht berücksichtigt werden, weil sie nur ein bis drei Tage in der Klinik geweilt hatten, zu wenig untersucht waren und nachher nicht mehr ausfindig gemacht werden konnten.

Eine dritte nosologische Gruppe, bestehend aus *73 phasischen manisch-depressiven-schizophrenen Mischpsychosen* wurde ebenfalls in die Untersuchung aufgenommen. Reine Manien sind nicht einbezogen.

Im Gegensatz zu anderen Untersuchern habe ich darauf verzichtet, das Krankengut auch nach geographischen Gesichtspunkten zu selektionieren. Dies hatte den Vorteil, daß aus einem kürzeren Zeitabschnitt, der vom Untersucher größtenteils in der Klinik selbst überblickt wurde, genügend Probanden gewonnen werden konnten. Nachteilig mußte sich diese Auswahl dahin auswirken, daß einzelne Kranke unterdessen nur noch schriftlich und nicht mehr persönlich zu erreichen waren.

In die Psychiatrische Universitätsklinik Zürich wird ein Krankengut aufgenommen, das bereits einer gewissen Auslese unterworfen wird. In der Umgebung befinden sich mehrere angesehene Privatkliniken, die sich eines guten Rufes erfreuen, so daß Depressive aus wohlhabenden Verhältnissen oft direkt in die Privatkliniken eintreten. Unser Krankengut rekrutiert sich daher vermehrt aus finanziell schwächeren Schichten. Im übrigen ist die Klinik verpflichtet, alle Depressiven, die wegen Suicidalität hospitalisiert werden müssen, aufzunehmen. Da die erwähnten Privatkliniken vor allem auch von leichter depressiven Kranken aufgesucht werden, die freiwillig eintreten, finden sich im Krankengut unserer Klinik verhältnismäßig viele schwere, meist suicidale Depressive, die zum Teil gegen ihren Willen eingewiesen worden waren.

Die engere genetische Arbeit erfaßt

326 Probanden, deren Blutsverwandte 1. Grades:

  638 Eltern
1236 Geschwister
  111 Halbgeschwister
  425 Kinder, und
  189 Ehegatten.

Ferner wurden Abnormitäten unter den Verwandten zweiten Grades registriert, ohne daß jedoch deren systematische Durchforschung möglich gewesen wäre.

Eine weitere Gruppe von Probanden rekrutiert sich aus 90 Familien von Depressiven, in denen sich zwei oder mehr Verwandte einer Behandlung mit Imipramin unterzogen hatten und bei denen die Frage einer familiären Ähnlichkeit der Behandlungsresultate geprüft werden soll. Detaillierte Angaben über dieses Untersuchungsgut sind im betreffenden Kapitel (XIV) enthalten.

III. Methodik

Aus der Stichprobe von 327 Probanden, welche in den Jahren 1959—1963 mit einer endogenen Depression in unsere Klinik aufgenommen wurden, waren dem Untersucher bereits 172 vor Beginn der jetzigen wissenschaftlichen Bearbeitung wohl bekannt. Der Untersucher ist seit elf Jahren in der Klinik beschäftigt, so daß ihm zahlreiche Kranke von wiederholten Aufenthalten her vertraut sind. Die genannten 172 Probanden waren in den vergangenen fünf Jahren bereits Gegenstand persönlicher pharmako-psychiatrischer Untersuchungen im Zuge anderer Fragestellungen gewesen. Im Rahmen derselben waren schon früher möglichst genaue wiederholte psychopathologische, katamnestische und Familienuntersuchungen durchgeführt worden. Anläßlich der jetzigen erneuten wissenschaftlichen Bearbeitung wurden die früheren Daten überprüft und bei allen Kranken frische Katamnesen erhoben. Weitere 53 Probanden konnten während ihrer Hospitalisierung persönlich untersucht und meist auch behandelt werden. Eine dritte Gruppe von Kranken war mir bei Beginn der vorliegenden Arbeit nicht persönlich bekannt. Sie umfaßt 102 Probanden. Bei der statistischen Verarbeitung werden, wo es tunlich erscheint, diese 102 Probanden den übrigen gegenübergestellt, um allfällige Unterschiede zu erkennen. Es kann somit festgehalten werden, daß zwei Drittel aller Probanden dem Untersucher bereits vor der jetzigen wissenschaftlichen Bearbeitung wohl bekannt, wiederholt persönlich exploriert und auch katamnestisch erfaßt worden waren.

Der jetzigen wissenschaftlichen Bearbeitung des Materials liegen hauptsächlich die Krankengeschichten der Klinik mit vielen persönlichen Eintragungen zugrunde, in welchen auch zahlreiche objektive Auskünfte von Angehörigen, Arbeitgebern, Bekannten, Hausärzten, Behörden usw. enthalten sind. Es wurden jeweils ausnahmslos mindestens eine, meist mehrere Auskunftspersonen bei der katamnestischen Untersuchung bereits Entlassener befragt. Besonders ergänzungsbedürftig war in der Regel die Familienanamnese, wobei sich die Untersuchung auf die Blutsverwandten ersten Grades (Eltern, Geschwister, Halbgeschwister, Kinder) und die Ehegatten beschränken mußte. In vielen Fällen war ein Auszug aus dem Zivilstandesregister zur Eruierung aller Familienangehörigen erforderlich. In der Regel jedoch gelang es durch Angaben von Probanden und Angehörigen, die nötigen Daten mit hinreichender Genauigkeit zu bestimmen.

Ausnahmslos wurden Katamnesen erhoben, deren Dauer zwischen einigen Monaten bis fünf Jahren schwankten. Es war leider ausgeschlossen, in der zur Verfügung stehenden Zeit nochmals alle Probanden persönlich aufzusuchen. Die Großzahl wurde nur telefonisch befragt, wobei meist gleichzeitig auch Angehörige zu Worte kamen. In der Regel wurde die Katamnese durch Drittpersonen erhärtet (Angehörige, Ärzte); in vielen Fällen standen ambulante Krankengeschichten psychiatrischer Polikliniken oder jene unserer Außenfürsorge (kantonale Familienpflege) zur Verfügung. Kranke oder Angehörige, die nicht telefonisch zu erreichen waren, wurden schriftlich befragt oder in Ausnahmefällen zu Hause aufgesucht. Meist waren die katamnestischen Nachfragen lediglich die Fortsetzungen früherer Untersuchungen, und die Probanden kooperierten gut.

Es ist anzunehmen, daß ein gewisser Informationsverlust zustande kam, weil anläßlich der jetzigen Arbeit nicht nochmals alle Probanden persönlich aufgesucht werden konnten. Dieser Verlust dürfte jedoch nicht allzu hoch eingeschätzt werden, da ein Großteil der Kranken dem Untersuchenden gut bekannt ist und früher schon exploriert wurde. Außerdem ergänzten viele objektive Auskünfte das Bild hinreichend, und — im Gegensatz zu Schizophrenen oder Neurotikern — gaben unsere ehemaligen Probanden ausnahmslos sehr bereitwillig Auskunft. Ja, die meisten zeigten sich über die Nachfrage erfreut und bewiesen, daß sie zur Klinik und den behandelnden Schwestern, Pflegern und Ärzten eine sehr dankbare und freundliche Einstellung hegten. Überraschenderweise bedankten sie sich oftmals. Gerade solche Kranke, welche in der Klinik als ausgesprochen schwierig und pflegerisch mühsam bekannt und durch ihr agitiert-gehässiges und dysphorisches Verhalten unangenehm aufgefallen waren, erklärten anläßlich der Katamnesen, bei Rückfällen gerne wieder in die Klinik kommen zu wollen. Lediglich drei von 331 Probanden beschwerten sich über Behandlung und Pflege in der Klinik; zwei von ihnen hatten sich schon früher in allgemeinen Krankenhäusern beschwert.

Der Arbeit liegen folgende Quellen über die 331 Probanden beziehungsweise deren Angehörigen zugrunde:

1. Krankengeschichten unserer Klinik	850	
2. Krankengeschichten anderer Kliniken	312	
3. Krankengeschichten über Angehörige der Probanden	202	
Subtotal Krankengeschichten		1364
4. Akten über die Probanden und deren Angehörige	28	
5. mündliche Angaben von Angehörigen, Beziehungspersonen und Arbeitgebern	771	
6. schriftliche Auskünfte von Angehörigen, Beziehungspersonen und Arbeitgebern	211	
Subtotal Auskünfte		1010
7. eigene katamnestische Nachuntersuchungen	90	
8. telefonische katamnestische Auskünfte von Probanden selbst	92	
9. schriftliche katamnestische Auskünfte von Probanden selbst	41	
10. schriftliche oder telefonische katamnestische Auskünfte von Angehörigen	152	
11. schriftliche Auskünfte von Behörden	4	
12. ärztliche Berichte	10	
13. Auskünfte der Polizei	2	
14. Auszüge aus den Zivilstandsregistern (Geburtenregistern)	25	
Subtotale Nachuntersuchungen und Auskünfte		416
Total benützte Quellen		2790
Total benützte Quellen je Proband 8,4		

Von den 331 Probanden wurden während des Klinikaufenthaltes oder später 229 persönlich untersucht, die übrigen 102 entweder telefonisch oder schriftlich befragt, oder die Angehörigen gaben über sie Auskünfte.

Die gewonnenen Daten wurden auf die kürzlich mit BATTEGAY und PÖLDINGER entworfenen „Verlaufsprotokolle für elektronische Datenverarbeitung psychiatrischer Pharmakotherapie: Antidepressiva" eingetragen. Diese Protokolle wurden durch weitere Bogen ergänzt, welche der Erfassung der prämorbiden Persönlichkeit und des Verlaufes der Erkrankung dienten. Die Verarbeitung dieser Daten geschah mit Hilfe von Sichtlochkarten.

IV. Diagnostik

Die Arbeit bedient sich folgender *Nosologie und Terminologie:*
Endogene Psychosen
A) Schizophrenien
B) Manisch-Depressives Kranksein (MDK) = Manisch-Depressive Psychosen

(MDP) = Cyclothymien
1. Manien
2. Cyclische Psychosen (Manien + Depressionen)
3. Depressionen (MDP), monophasische und periodische Depressionen
C) Involutionsmelancholien = Spätdepressionen
D) Mischpsychosen = manisch-depressiv-schizophrene Mischpsychosen = atypische
Psychosen = Legierungspsychosen = Zwischenpsychosen.

Als *Sammelbegriffe* werden verwendet:

Affektive Psychosen = Manisch-Depressive Psychosen + Involutionsmelancholien + Mischpsychosen.

Endogene Depressionen = Depressionen bei cyclischen Psychosen + Depressionen (MDP) + Involutionsmelancholien.

Reine Manien, reine Depressionen und cyclische Psychosen werden bewußt unter dem Sammelbegriff manisch-depressive Psychosen zusammengefaßt, weil dies der ursprünglichen Nosologie KRAEPELINs entspricht und, vor allem, weil alle genetischen Arbeiten, mit denen unsere Ergebnisse verglichen werden müssen, auf dieser Einteilung beruhen. Neuerdings mehren sich zwar Zweifel an der Einheitlichkeit der manisch-depressiven Psychosen. WEITBRECHT (1959, 1963) faßt aber die endogenen Manien und Depressionen immer noch unter dem Begriff Cyclothymie (K. SCHNEIDER) oder der Manisch-Depressiven Psychosen zusammen. An die Einheitlichkeit des manisch-depressiven Krankseins halten sich auch die Lehrbücher von ARIETI (1959), BLEULER (1960), KOLLE (1961), RÜMKE (1960). Hartnäckig wurden aber auch Zweifel an der genannten Einheitlichkeit geäußert, in erster Linie von KLEIST (1947) und seinen Schülern und auch von amerikanischen Forschern. EWALT, STRECKER und EBAUGH (1957) unterscheiden zwischen manisch-depressiven Reaktionen und psychotischen depressiven Reaktionen als zwei verschiedenen Formen psychotischer Reaktionen. Die größte Beachtungen fanden die periodischen Depressionen als nosologische Einheit in der skandinavischen Literatur. Die „depressio mentis periodica" wurde erstmals von C. LANGE 1895 klinisch umfassend beschrieben. Später haben sich CHRISTIANSEN (1919) und SCHOU (1927) mit dem Problem befaßt, wobei letzterer vorerst die Zugehörigkeit der periodischen Depressionen zu den manisch-depressiven Psychosen annahm, später zusammen mit PEDERSEN und POORT (1948) jedoch wieder davon zurücktrat. Ein Versuch von BENON (1925), die periodischen Depressionen von den manisch-depressiven Psychosen zu trennen, fand wenig Anklang. Es mangelt bis heute an genetischen Untersuchungen, die diese Differenzierung belegen und einer methodischen Kritik standgehalten hätten (E. ZERBIN-RÜDIN, 1965). Unsere Untersuchung ist speziell der Frage gewidmet (und bejaht sie), ob phasische Depressionen (MDP) von cyclischen Depressionen (MDP) zu trennen sind.

Da die Schizophrenien aus der Arbeit ausgeschlossen wurden und sich praktisch keine senilen Depressionen, d. h. bei bereits bestehenden amnestischen psychoorganischen Alterspsychosen, die den diagnostischen Anforderungen genügten, im Krankengut unserer Klinik fanden, reduzieren sich die Diagnosegruppen auf manisch-depressives Kranksein, Involutionsmelancholien und manisch-depressiv-schizophrene Mischpsychosen (atypische Psychosen).

In das *manisch-depressive Kranksein* werden alle Probanden eingegliedert, welche an einer einmaligen oder wiederholten (phasenhaften) affektiven Erkrankung gelitten hatten, die entweder depressives oder manisches Gepräge aufwies. Sobald im Quer-

schnitt während einer Phase das Zustandsbild schizophrene Symptome zeigte, wurde
der Proband unter die Mischpsychotiker gezählt. Als schizophrene Symptome gelten
dabei z. B. katathyme (inhaltlich nicht zur Grundstimmung passende) Wahnbildungen
oder Halluzinationen und Zerfahrenheit des Denkens. Innerhalb des manisch-depressiven Kranksein wird verlaufsmäßig zwischen Depressionen und zusammengesetzten
(manischen und depressiven) = cyclischen = bipolaren Verläufen unterschieden. Sobald ein Proband eine manische neben einer depressiven Phase durchgemacht hatte,
wurde er zur Gruppe der cyclischen gezählt. In der Gruppe der rein Depressiven
finden sich monophasische und periodische Verläufe. Es sind auch 7 Probanden mitgezählt, welche anschließend an die depressive Phase leichte hypomanische Nach-
schwankungen zeigten. Selbstverständlich hätten diese Probanden auch unter die
cyclischen eingereiht werden können; dies wurde nicht getan, weil noch nicht ent-
schieden ist, ob eine solche hypomanische Nachschwankung wirklich einer eigentlichen Manie in ihrer nosologischen Bedeutung gleichzusetzen ist. Eine hypomanische
Nachschwankung könnte auch nur Ausdruck einer vegetativen Gegenregulation im
Sinne von SELBACH (1960) sein. Natürlich müssen sich in der Gruppe der nur-depres-
siven Probanden auch einige finden, die auf Grund einer längeren Beobachtungszeit
und einer späteren manischen Erkrankung doch zu den cyclischen gehörten. Der
Anteil dieser Probanden dürfte aber nicht zu hoch sein, da die Aussichten, nach einer
Depression an einer Manie zu erkranken, erheblich geringer sind als umgekehrt.

Den *Spätdepressionen (Involutionsmelancholien)* sind alle endogenen Depressionen
untergeordnet, welche nie durch eine manische Phase abgelöst worden waren, und
die bei Frauen erstmals nach der Menopause, bei Männern nach dem 50. Altersjahr
ausbrachen. Die Abgrenzung von den manisch-depressiven Probanden geschieht somit
letztlich nur durch ein zeitliches Kriterium. Der Grund liegt darin, daß es kein anderes, ebenso verläßliches gibt. Auf das Vorhandensein von Psychosen in der Verwandtschaft ersten Grades, auf den Körperbau oder die prämorbide Persönlichkeit wurde
dabei kein Gewicht gelegt. Es soll vielmehr gerade geprüft werden, ob derartige
differentialdiagnostische Kriterien (wie sie z. B. von STAEHELIN gefordert wurden)
verwendbar sind. In der vorliegenden Arbeit wird eher — wie noch später zu begründen sein wird — die Auffassung vertreten, daß die Grenzen zwischen Depressionen des manisch-depressiven Krankseins und Involutionsmelancholien derart fließend sind, daß eine Trennung der beiden Krankheiten künstlich erschiene. Weil hier
die Differentialdiagnose auf Grund des Erkrankungsalters gestellt wird, läßt sich für
die Involutionsmelancholien auch der Begriff der *Spätdepression* verwenden; in
Analogie zur Spätschizophrenie soll damit nur ausgedrückt werden, daß der Erkrankungsbeginn relativ spät erfolgt war, und es soll dabei geprüft werden, inwieweit
für derartige Späterkrankungen besondere Verhältnisse bezüglich Ätiologie und Verlauf vorliegen. Involutionsmelancholien, welche mit einem amnestischen Syndrom
gepaart sind, wurden dann nicht unter die senilen Depressionen eingeordnet, wenn
feststand, daß bereits depressive Phasen vor der Entwicklung gesicherter hirnorgani-
scher Schädigungen aufgetreten waren. Dies war auch meist der Fall.

Am umstrittensten und schwierigsten ist gewiß die Frage, welche Probanden unter
die Mischpsychotiker zu zählen sind. Mit dem Terminus *Mischpsychosen* ist nicht —
wie ursprünglich — gemeint, daß sich schizophrene und manisch-depressive Erb-
anlagen mischen würden, sondern der Ausdruck wird rein deskriptiv in dem Sinne
angewandt, daß jene Erkrankungen zu den Mischpsychosen gezählt werden, welche

a) im Längsschnitt neben rein manischen oder rein depressiven auch schizophrene Phasen zeigen oder welche

b) im Querschnitt eine Mischung von manisch-depressiven mit vereinzelten schizophrenen Symptomen zeigen, wobei letztere aber völlig im Hintergrund stehen und die Krankheit einen phasenhaften, völlig remittierenden Verlauf genommen hat.

Es sind darunter also keine Probanden mit einem schizophrenen Residualzustand. Im Schrifttum werden hauptsächlich Krankheitsverläufe geschildert, bei welchen die ersten Phasen depressiv waren, später aber durch eigentlich schizophrene abgelöst wurden. Im Krankengut unserer Klinik finden sich aber erstaunlich viele Fälle, die gerade einen umgekehrten Verlauf zeigen: am Anfang steht meist eine katatone Erkrankungsphase, in späteren Jahren entwickelt sich eine phasenhafte, völlig remittierende, rein depressive oder manisch-depressive Psychose.

Diese atypischen Psychosen stellen eine Mittelgruppe zwischen manisch-depressivem Kranksein und Schizophrenie dar, und es wäre willkürlich, sie der einen oder anderen Erkrankungsform zuzuweisen. Es soll hier geprüft werden, inwieweit das Familienbild (Häufigkeit schizophrener oder affektiver Psychosen in der Verwandtschaft) ebenfalls ein gemischtes ist. Einen Hinweis darauf, daß die Grenzen zwischen den beiden großen Gruppen von endogenen Psychosen nicht scharf sind, geben nicht nur die Mischpsychosen, sondern auch die Tatsache, daß sich unter den Eltern von Manisch-Depressiven zwar nicht mehr Schizophrene befinden als im Durchschnitt der Bevölkerung, daß aber auch bei sorgfältigster Auslese der Probanden unter deren Geschwistern ein etwas erhöhtes Morbiditätsrisiko für Schizophrenien gefunden wird.

Reaktiven (oder situativen) auslösenden Momenten bei Erkrankungsbeginn wurde kein differentialdiagnostischer Wert zuerkannt, wenn die Depression in ihrer Dauer und in ihren Inhalten nicht mehr in deutlicher Beziehung zum traumatischen Ereignis stand. Umwelteinflüssen kommt bei der Ätiologie der endogenen Depressionen — wie auch der Schizophrenie — eine entscheidende Rolle zu. Auch hier sind aber die Grenzen zwischen endogenen Depressionen, welche situativ ausgelöst worden waren, und eigentlichen depressiven Erlebnisreaktionen fließend.

Die *Sekundärfälle* unter den Verwandten der Probanden sind bei einigen statistischen Berechnungen in „sichere" und „unsichere" gegliedert. Zu den sicheren wurden nur diejenigen gezählt, welche

1. auf Grund einer Krankengeschichte nachweisbar an einer Psychose gelitten hatten und wobei

2. die Diagnose auch gesichert schien.

Bei unsicheren Sekundärfällen sind auch solche, die zwar psychiatrisch hospitalisiert gewesen waren, bei denen aber rückblickend oder schon damals nicht sicher festgestellt werden konnte, ob die Erkrankung eine rein manisch-depressive oder eine mischpsychotische war.

Als Sekundärfälle gelten nur Erkrankungen, die zu ärztlicher Behandlung oder zu mindestens mehrwöchiger Arbeitsunfähigkeit geführt hatten. Leichtere Stimmungsverschiebungen, z. B. innerhalb des cycloiden Temperamentes, sind nicht eingerechnet. Entsprechend dieser Kriterien wird als Ersterkrankung nicht einfach die erste Phase gezählt, welche eine Hospitalisierung nötig gemacht hatte, sondern es wird z. B. eine frühere, zu einmonatiger Arbeitsunfähigkeit veranlassende Depression als Krankheitsbeginn gewertet.

V. Statistische Methoden

Bei Vergleichen mit der Durchschnittsbevölkerung unter Berücksichtigung des Alters bedienen wir uns der Standardmethode, wie sie von ALSTRÖM (1942) und STENSTEDT (1952) angewandt wurde. Wegen der kleineren Zahlen des eigenen Materials werden dabei zweckmäßigerweise die Erwartungswerte aus der Durchschnittsbevölkerung umgerechnet nach der folgenden Formel:

$$\frac{a_1' \, g_1' + a_2' \, g_2' + \cdots a_m' \, g_m'}{a'} \; .$$

Die Zahlen 1, 2 ... m bezeichnen dabei die Altersgruppen (Dekaden), $g_1' \, g_2' \cdots g_m$ die Frequenzen in der Durchschnittsbevölkerung und a_1', a_2' die Anzahl der Individuen der betreffenden Altersgruppe aus dem eigenen Material.

Die Standardabweichung beträgt, wenn a die Abweichung vom arithmetischen Mittel m ist und n die Anzahl der Beobachtungen bezeichnet

$$\sigma = \sqrt{\frac{\Sigma \, a^2}{n}} \; .$$

Der Standardfehler des Mittels ε_m ist dann

$$\varepsilon_m = \frac{\sigma}{\sqrt{n}} \; .$$

Der Standardfehler aus der Differenz zweier Standardfehler der Mittel m_1 und m_2 beträgt folglich

$$\varepsilon_d = \sqrt{\varepsilon_{m_1}^2 + \varepsilon_{m_2}^2} \; .$$

Die statistische Methodik zur Berechnung des Morbiditätsrisikos der Verwandten ist durch WEINBERG 1925, STRÖMGREN 1935 und SLATER 1938 dargestellt worden. Wie STENSTEDT benützten wir hauptsächlich das abgekürzte Verfahren von WEINBERG, welches durch STRÖMGREN modifiziert wurde. Die Formel zur Berechnung des Morbiditätsrisikos p^* lautet demnach:

$$p^* = \frac{a}{b - b_0 - \tfrac{1}{2} \, b_m} \; .$$

a ist dabei die Zahl der Sekundärfälle, b die Gesamtzahl der untersuchten Verwandten, b_0 die Zahl der Verwandten, welche das Manifestationsalter nicht erreicht haben, und b_m die Zahl der Individuen innerhalb der Gefährdungsperiode.

Die Standardabweichung beträgt

$$\varepsilon \, (p^*) = \sqrt{\frac{p^* \, (100 - p^*)}{b - b_0 - \tfrac{1}{2} \, b_m}} \; .$$

Nach der Strömgren-Slaterschen Methode lautet die Formel für das Morbiditätsrisiko

$$p^* = \frac{a}{\Sigma \, b_i \cdot c_i} \; .$$

b ist dabei die Zahl der Personen, welche im Zeitpunkt des Entschwindens aus der Beobachtung sich in der Altersgruppe i befinden, und c_i ist das Morbiditätsrisiko bis zur Mitte der Altersgruppe i. Zur Berechnung werden die Tafeln von SLATER (1938) für das manisch-depressive Kranksein benutzt.

Die Standardabweichung des Prozentsatzes p^* wurde nach der folgenden Formel berechnet

$$\varepsilon\, p^* = \sqrt{\frac{p^*\,(100-p^*)}{b_i \cdot c_i}}\;.$$

Mit STENSTEDT wird eine Differenz, welche 2,6- bis 3,3mal die Standardabweichung aushält, als signifikant angesehen ($P < 0,01$); eine solche, die die Standardabweichung um das 3,3fache oder mehr überschreitet, als hochsignifikant ($P < 0,001$).

Bei kleinen Zahlen mag die Formel für die Standardabweichung des Prozentsatzes p^* nicht mehr genaue Werte liefern. In der vorliegenden Arbeit wurde jedoch allgemein die Standardabweichung dennoch angegeben, um dem Leser überall vor Augen zu führen, mit welcher Fehlerbreite zu rechnen ist.

VI. Krankengut

1. Diagnosen

Das Krankengut umfaßt 331 Probanden, welche 1959—1963 affektiver endogener Psychosen wegen in die Psychiatrische Universitätsklinik Zürich aufgenommen worden waren. Das Krankengut setzt sich diagnostisch wie folgt zusammen:

Endogene Depressionen		254
— Manisch-depressives Kranksein (MDK), (MDP)		151
— einfacher oder periodisch depressiver Verlauf		
(24 Männer, 81 Frauen)	(105)	
— zirkulärer = periodischer manisch-depressiver Verlauf		
(16 Männer, 30 Frauen)	(46)	
— Involutionsmelancholien = Spätdepressionen		
(27 Männer, 76 Frauen)		103
Manisch-depressiv-schizophrene Mischpsychosen		
(15 Männer, 58 Frauen)		73
Senile Depressionen		
(4 Frauen)		4

Leider ist die Gruppe der senilen Depressionen außerordentlich klein und gestattet daher keine besondere Auswertung. Es hatte sich herausgestellt, daß bei genauerer Untersuchung die meisten sogenannten senilen Depressiven anamnestisch bereits vor dem Bestehen eines organischen (amnestischen) Psychosyndroms depressive Phasen durchgemacht hatten. Diese Probanden wurden jeweils dem manisch-depressiven Kranksein oder den Involutionsmelancholien zugeordnet.

Das Schwergewicht der Untersuchung liegt auf den endogenen Depressionen. Die Gruppe der Mischpsychosen wird vor allem auf ihre Mittelstellung zwischen endogenen Depressionen bzw. Manien und der Schizophrenie geprüft werden.

2. Alter

Das Durchschnittsalter der Probanden beim Ausscheiden aus der Beobachtung ist bei allen diagnostischen Untergruppen für Männer und Frauen gleich (Tabelle 1). Als Stichtag des Beobachtungsabschlusses wurde für die genetische Untersuchung der

31. 12. 1963 gewählt. Tabelle 2 gibt Aufschluß über die Alterszusammensetzung und das Geschlecht des Krankengutes bei Beobachtungsabschluß.

Tabelle 1. *Durchschnittsalter des Krankengutes*

Diagnosen	Durchschnittsalter (arithmet. Mittel)		
	Männer	Frauen	total
Endogene Depressionen	55,9	53,8	54,4
Manisch-Depressive	46,7	47,7	47,8
Involutionsdepressionen	62,2	62,8	63,1
Mischpsychosen	46,6	50,7	49,5

Unser Krankengut setzt sich altersmäßig anders zusammen als die Durchschnittsbevölkerung des Kantons Zürich im Jahre 1960 (Statistisches Jahrbuch der Schweiz). Bei beiden Geschlechtern finden sich hohe Abweichungen von den Erwartungswerten. P liegt jedesmal unter 0,001 (für Männer beträgt das $\chi^2 = 23{,}7287$, $n = 2$, für Frauen $\chi^2 = 49{,}9518$, $n = 2$).

Unter den 20—39jährigen finden sich signifikant weniger, bei den älteren signifikant mehr Probanden als der Alterszusammensetzung der Durchschnittsbevölkerung entspricht.

Tabelle 2. *Altersklassen der 331 Probanden bei Beobachtungsabschluß, geordnet nach Geschlecht*

Alter im Zeitpunkt des Beobachtungsendes	Männer				Frauen			
	gestorben	lebend	total	Erwartungswerte	gestorben	lebend	total	Erwartungswerte
20—29	—	7	7 ⎫ 17	39	2	21	22 ⎫ 49	104
30—39	1	9	10 ⎭		2	25	27 ⎭	
40—49	—	15	15 ⎫ 42	28,3	2	49	51 ⎫ 119	86
50—59	1	26	27 ⎭		7	61	68 ⎭	
60—69	1	14	15 ⎫ 23	14,7	3	57	60 ⎫	59
70—79	1	7	8 ⎭		2	17	19 ⎬ 81	
80—89	—	—	—		1	—	2 ⎭	
total		8	82	82			249	249

3. Zivilstand

Die gründlichste Studie über den Zivilstand von endogen psychotischen Kranken hat 1935 Essen-Möller veröffentlicht. Bezüglich der manisch-depressiven Psychosen kommt er dabei zu folgenden Schlüssen: vor der Erkrankung ist die Heiratsrate gleich wie bei der Durchschnittsbevölkerung, nach der Erkrankung sinkt die Heiratsrate ungefähr auf die Hälfte. Landis und Page (1938) und Stenstedt (1952) finden eine etwas niedrigere Heiratsrate unter Manisch-Depressiven als in der Durchschnittsbevölkerung. Stenstedt findet jedoch nur für Männer einen signifikanten Unterschied. Lewis (1959) faßt zusammen, daß wohl die Ledigen unter den Manisch-Depressiven etwas vermehrt sein mögen, daß dies aber zahlenmäßig nicht ins Gewicht falle, vor allem nicht bei jüngeren Kranken. Auch Lewis findet in London gleich viele Ledige unter Manisch-Depressiven (sowohl Männern wie Frauen) wie allgemein in der Bevölkerung.

In unserem Krankengut sind Frauen signifikant häufiger ledig ($P < 0,001$ $\chi^2 = 19,0285$, $N = 3$) als die Durchschnittsbevölkerung. Bei den Männern hingegen ist kein Unterschied zu den Erwartungswerten, welche mit Standardberechnungen unter Berücksichtigung der Altersverteilung gewonnen wurden, zu beobachten (Tabelle 3). Die gefundenen Zahlen unseres Materials wurden mit den Angaben über

Tabelle 3. *Zivilstand der Probanden getrennt nach Geschlecht. Standardberechnung unter Berücksichtigung der Altersverteilung der Durchschnittsbevölkerung*

Zivilstand	Männer				Frauen			
	beobachtet		erwartet		beobachtet		erwartet	
	Anzahl	Prozent	Anzahl	Prozent	Anzahl	Prozent	Anzahl	Prozent
ledig	15	18,3	14	17,1	74	29,7	48,4	19,4
verheiratet . . .	62	75,6	62,9	76,6	127	51,0	154	61,8
verwitwet	5	6,1	3,5	4,3	35	14,1	36,3	14,7
geschieden . . .	—	—	1,6	2,0	13	5,2	10,3	4,1
total	82	100,0	82	100,0	249	100,0	249	100,0

die schweizerische Wohnbevölkerung des Jahres 1960 verglichen. Unsere Bevölkerung wurde in den letzten Jahren vermehrt mit Gastarbeitern vermischt, die meistens ledig sind. Die Erwartungswerte der Durchschnittsbevölkerung für Ledige sind daher hoch. Es könnte sein, daß depressive Gastarbeiter weniger in die Klinik aufgenommen werden, weil sie in die Heimat zurückkehren und so das Resultat unserer Vergleichsberechnung verfälschen.

Wir kommen also teilweise zum gleichen Schluß wie STENSTEDT: *Psychotisch-Depressive sind häufiger ledig als der Erwartung entspricht; im Gegensatz zu STENSTEDT, der statistisch gesicherte Werte bei den Männern fand, finden wir sie bei den Frauen.*

Tabelle 4. *Zivilstand der Probanden und Stellung in der Geschwisterreihe*

Stellung in Geschwisterreihe	Anzahl Probanden		verheiratet		ledig		total ledig Prozent
	m	f	m	f	m	f	
Ältestes	22	55	18	39	4	16	$26 \pm 5,0$
Ein mittleres . . .	36	117	29	85	7	32	$25 \pm 3,5$
Jüngstes	16	58	14	40	2	18	$27 \pm 5,2$
Einzelkind	8	19	6	11	2	8	$37 \pm 9,3$

In Tabelle 4 wird der Zivilstand mit der Stellung in der Geschwisterreihe korreliert und geprüft, ob sich die Ledigen auf die vier Gruppen: Einzelkinder, Ältestes, ein Mittleres von mehreren oder Jüngstes gleich verteilen. Unter die Verheirateten sind dabei auch die Geschiedenen und Verwitweten gezählt. Unter Stellung in der Geschwisterreihe wird dabei nicht die Geburtennummer des Probanden unter den Geschwistern verstanden, sondern die biographisch erlebte Stellung unter den Geschwistern. Zum Beispiel wird ein Proband als ältester gewertet, wenn auch vor ihm ein Geschwister geboren war, dieses aber früh in der Kindheit (z. B. im ersten Altersjahr) starb.

Wie man erwarten könnte, scheinen Einzelkinder besonders häufig ledig (10 von 27); der Unterschied ist aber nicht signifikant.

4. Beruf

Beruflich wird das Untersuchungsgut gegliedert in den Beruf, welcher ursprünglich erlernt und denjenigen, welcher im Zeitpunkt der Untersuchung zuletzt ausgeübt worden war. Es soll auf diese Weise ein allfälliger sozialer Abstieg erfaßt werden. Das Krankengut ist, wie schon erwähnt, für das manisch-depressive Kranksein nicht repräsentativ, weil in unsere Klinik eher ein sozial etwas unter dem Durchschnitt liegendes Krankengut aufgenommen wird.

Die Berufe wurden nur grob in ungelernte, gelernte und intellektuelle gegliedert. Unter die intellektuellen Berufe wurden nur diejenigen eingereiht, welche eine Mittelschulbildung zur Voraussetzung hatten (z. B. Akademiker, Lehrer). In die Klasse „Gelernt selbständig" wurden z. B. Landwirte und freie Handwerker eingereiht.

Tabelle 5 a. *Beruf der Probanden*

Berufsklasse	Beruf gelernt		Beruf ausgeübt	
	m	f	m	f
intellektuell selbständig	4	—	4	—
intellektuell unselbständig	12	3	9	3
gelernt selbständig	7	8	8	2
gelernt unselbständig	38	94	35	29
ungelernt	21	144	23	42
Hausfrau	—	—	—	130
Hausfrau freiwillig berufstätig	—	—	—	16
Hausfrau unfreiwillig berufstätig	—	—	—	21
anderes	—	—	3	6
total Probanden	82	249	82	249

In die Kategorie „gelernt unselbständig" wurden z. B. Büroangestellte und gelernte Arbeiter aufgenommen.

Das Resultat der Erhebungen (Tabelle 5 a) ist folgendes: *Bei den Männern sind trotz der Krankheit keine nennenswerten Verschiebungen in der Berufsklasse eingetreten. Frauen zeigen durch spätere Heirat eine außerordentlich starke Bewegung. Von 167 verheirateten Probandinnen sind 37 berufstätig; 21 davon gegen ihren Willen. Das manisch-depressive Kranksein hat somit die soziale Stellung der Probanden nicht in nennenswertem Maße beeinflußt.* Zu berücksichtigen ist in diesem Zusammenhang natürlich die Zeit, die seit der ersten Krankheitsphase verstrichen ist (Tabelle 5 b).

Tabelle 5 b. *Beobachtungszeit der Probanden seit der Ersterkrankung*

Beobachtungszeit seit der ersten Krankheitsphase	Anzahl Probanden
bis 1 Jahr	87
1—4 Jahre	60
5—9 Jahre	40
10—19 Jahre . . .	63
20 und mehr Jahre .	81

5. Wohnsitz

Bezüglich des Wohnsitzes wurde nur registriert, ob die Probanden aus der Stadt Zürich, aus dem umliegenden Kanton (mit nur teilweise ländlicher Bevölkerung), aus der übrigen Schweiz oder dem Ausland stammten. Die gefundenen Zahlen werden mit den Erwartungswerten, die sich aus der Durschnittsbevölkerung des Kantons Zürich ergeben, verglichen. Es wird dabei der Mittelwert des Kantons für die Jahre

1959—1963 bestimmt. Im Zeitpunkt der Klinikaufnahme hatten 136 (Erwartungswert 146) Kranke Wohnsitz in der Stadt Zürich, 187 (176) im übrigen Kanton Zürich, 4 in der restlichen Schweiz und 4 im Ausland. 42% unserer Patienten stammen somit aus der Stadt Zürich.

6. Konfession

Die überwiegende Zahl der Kranken ist reformiert oder römisch-katholisch, und zwar im gleichen Verhältnis wie der Durchschnitt des Kantons Zürich im Jahre 1960. Prozentual sind Sektenangehörige etwas vermehrt. 13 von 323 Probanden, die im Kanton Zürich Wohnsitz hatten, sind Mitglieder einer Sekte (Erwartungswert 3). Es wurde dabei besonders geprüft, ob sich Sektierer auf die diagnostischen Untergruppen gleichmäßig verteilen, was auch der Fall ist (Tabelle 6).

Tabelle 6. *Konfession der Probanden, die im Kanton Zürich wohnen*

Konfession	Probanden	Erwartungswert
protestantisch	209	213
römisch-katholisch . .	95	103
christ-katholisch . . .	2	2
israelitisch	4	2
andere	13	3
total	323	323

7. Fertilität der Ehen

Essen-Möller (1935), Stenstedt (1952) und Lewis (1959) fanden bei Manisch-Depressiven eine normale Fruchtbarkeit. Die Kinderzahl ist nicht nachweisbar niedriger als in der Durchschnittsbevölkerung, weil das Ersterkrankungsalter verhältnismäßig hoch liegt. Die Verhältnisse sind also völlig anders als bei der Schizophrenie (Lewis, 1959). Essen-Möller hat darauf hingewiesen, wie stark die Vermehrung von sozialen Faktoren abhängig ist. So können nach Lewis starke Schwankungen in der Kinderzahl unerwartet auftreten, z. B. durch Verbreitung einer Erbhypothese der manisch-depressiven Psychosen unter der Bevölkerung, durch Propagierung einer peroralen Antikonzeption oder durch Entdeckung einer neuen Therapie, die affektive Psychosen zu einer Erkrankung „wie irgend eine andere" machen würde. Bei Untersuchungen über die Kinderzahl sind vor allem folgende Gesichtspunkte zu berücksichtigen (Ødegaard, 1959): Der allgemeine Trend der Zeit, die geographische Herkunft, soziale Klassen des Untersuchungsgutes, Alter der Frauen bei der Heirat, Dauer der Ehe. Die methodischen Schwierigkeiten sind also sehr groß.

Die eigene diesbezügliche Untersuchung kann den gestellten Anforderungen nicht voll genügen. Sichere Aussagen sind nicht möglich, weil nur teilweise von den Geburtenregistern ausgegangen wurde; dabei dürfte eine gewisse Zahl von frühverstorbenen Kindern nicht erfaßt worden sein. Allerdings hat die Kontrolle eines Teiles der Fälle durch Auszüge aus den Geburtenregistern ergeben, daß die Abweichungen gering sind. Leider stehen uns zur Zeit keine statistischen Angaben über die Kinderzahl der verheirateten Durchschnittsbevölkerung des Kantons Zürich, geordnet nach Altersklassen, zur Verfügung, so daß eine einwandfreie Berechnungsmethode (z. B. diejenige von Ålström [1950]) nicht angewendet werden kann. Wir müssen daher auch auf statistische Unterschiedsberechnungen verzichten.

1963 betrug an einem Stichtag die Kinderzahl aller Ehen im Kanton Zürich durchschnittlich 1,92; in der Stadt Zürich, aus der sich 42% unserer Probanden rekrutieren, 1,78. Die verheirateten manisch-depresiven Probanden haben im Vergleich dazu 1,65 Kinder. In beiden Gruppen fällt auf, daß männliche Probanden etwas höhere Kinderzahlen aufweisen als weibliche. Manisch-depressive Männer haben im Mittel 1,74, Frauen 1,51 Kinder; Männer mit Involutionsmelancholien 2,4, Frauen 1,45 Kinder. Statistische Unterschiedsberechnungen sind aus den oben angeführten Gründen nicht durchführbar. Berücksichtigt man — was wohl am zweckmäßigsten ist — nur die verheirateten, nicht aber die geschiedenen und verwitweten Probanden, so ist die Kinderzahl für Manisch-Depressive 1,83 und erreicht damit die Durchschnittsbevölkerung. *Es finden sich somit keine Anhaltspunkte für eine erniedrigte Fertilität.* Bezüglich der Spätdepressiven wurde diese Frage bis heute nicht geklärt. Die Involutionsmelancholiker haben, wenn man geschiedene und verwitwete ausschließt, 1,69 Kinder. Der Unterschied zur Durchschnittsbevölkerung ist damit nicht gesichert.

Kinderlose Ehen finden sich bei manisch-depressiven Männern und Frauen gleich häufig in 20,8 ± 4,04%, bei Spätdepressiven in 28,1 ± 4,77%. In der Stadt Zürich waren 1950 32,5% der verheirateten Frauen kinderlos. In Schweden waren 1930 13,6% der Ehen der Durchschnittsbevölkerung kinderlos. STENSTEDT fand bei Manisch-Depressiven 13% kinderlose Ehen. *Es bestehen somit keine Abweichungen gegenüber der Durchschnittsbevölkerung.*

8. Stellung der Probanden in der Geburtenreihe

Die Stellung der Probanden mit manisch-depressiven Psychosen oder Involutionsmelancholien in der Geburtenreihe wurde bis jetzt nur durch BERMAN (1933) untersucht, der eine Häufung von Erstgeborenen fand.

Den eigenen Berechnungen ist die von EDITH RÜDIN (1951) angewandte Methode zugrunde gelegt. Am stärksten weicht die Zahl der erstgeborenen Probanden von den Erwartungswerten ab. Bei den Manisch-Depressiven finden sich 29 (Erwartungswert 35,5) und bei den Involutionsmelancholikern 28 (Erwartungswert 21,3) Erstgeborene. Die Abweichungen sind aber statistisch nirgends signifikant. Dies erlaubt, die Resultate aller 327 Probanden auf einer Tabelle zu vereinigen (Tabelle 7). *Die Stellung in der Geburtenreihe schafft keine zusätzliche Disposition zur Erkrankung.* Wäre ein signifikanter Befund zu erheben gewesen, so hätte dieser als Auswirkung eines Milieufaktors gewertet werden müssen.

9. Mortalität und Suicide

Zur Analyse der *Mortalität* eignet sich das Krankengut nicht. Bei Untersuchungsabschluß waren 26 Probanden verstorben, 12 davon durch Suicid.

Zusammengefaßt ergeben die Befunde anderer Autoren ein Überwiegen von *Suiciden unter den* männlichen manisch-depressiven *Probanden* gegenüber den weiblichen. SCHULZ (1949), der weitaus das größte Material überblickt, berichtet allerdings unter beiden Geschlechtern über gleich viele Suicide. LANGELÜDDECKE (1941) und STENSTEDT (1952) finden ein Überwiegen der Männer. RINGEL (1961) untersuchte die Suicidhäufigkeit 10 Jahre nach Klinikentlassung bei 36 Männern und 90 Frauen und beobachtete 6 bzw. 7 Suicide.

Tabelle 7. *Stellung der 327 Probanden mit endogenen affektiven Psychosen in der Geburtenreihe*

Größe der Geschwisterreihe	Anzahl der Probanden mit der Geburtennummer																		Erwartung
	1	2	3	4	5	6	7	8	9	10	11	12	13	14	15	16	17	18	
1	(17)																		
2	18	19																	18,50
3	19	16	11																15,33
4	12	17	12	20															15,25
5	8	8	4	11	8														7,80
6	4	3	7	9	2	6													5,17
7	7	2	4	2	4	7	5												4,43
8	3	3	1	2	3	4	2	1											2,37
9	1	—	3	1	3	4	2	1	—										1,56
10	1	—	2	1	1	—	1	2	1	1									1,00
11	—	—	—	1	—	2	2	—	1	1	—								0,64
12	1	—	—	—	1	2	—	1	2	1	—	—							0,67
13	1	1	1	—	—	—	—	—	—	—	—	—	—						0,23
14	—	—	—	—	—	—	—	—	—	—	—	—	—	—					—
15	—	—	—	—	—	—	—	—	—	—	—	—	—	—	1				0,07
16	—	—	—	—	—	—	—	—	—	—	—	1	—	—	—	—			0,06
17	—	—	—	—	—	—	—	—	—	—	—	—	—	—	—	—	—		—
18	1	—	—	—	—	—	—	—	—	—	—	—	—	—	—	—	—	—	0,05
Summe der Erfahrung	76	69	45	47	22	25	12	5	4	3	—	1	—	—	1	—	—	—	
Summe der Erwartung	73,13	73,13	54,63	39,30	24,05	16,25	11,08	6,65	4,28	2,72	1,72	1,08	0,41	0,18	0,11	0,06			73,13

Unter unseren Probanden befinden sich 82 Männer (4 davon verstorben) und 249 Frauen (davon 21 verstorben). Es haben sich ein Mann und elf Frauen suicidiert. Die Zahlen sind zu klein, um auf einen Unterschied der Suicidhäufigkeit der Geschlechter schließen zu lassen. *Die Suicidhäufigkeit dürfte unter männlichen Manisch-Depressiven gegenüber weiblichen nur geringgradig erhöht sein.* In diesem Sinne sprechen auch die Befunde, welche bei den Verwandten der Probanden erhoben wurden, auf die später zurückgekommen wird. Der Suicid unserer Probanden wurde in folgender Weise begangen: Fenstersprung 3, Ertränken 3, Erhängen 1, Verbrennen 1, Kochgas 1, Schlafmittel 2.

Die Suicide unserer Probanden erfolgten in einer Großzahl der Fälle Wochen bis Monate nach der Klinikentlassung innerhalb der behandelten aber nicht geheilten Phase. Prophylaktisch wäre somit eine langdauernde Hospitalisierung bis zum Abklingen der Phase sehr wirksam. Dieser Prophylaxe stehen äußere Gründe entgegen: Die Unmöglichkeit, Depressive, die nicht mehr suicidal sind, gegen ihren Willen und gegen den Willen der Angehörigen zu hospitalisieren, Platznot in den Kliniken u. a.

10. „Broken Home"

Unter einem „Broken Home" im engeren Sinne wird neben einer unehelichen Geburt der Tod eines der Eltern oder die Trennung oder Scheidung der Eltern vor dem 15. Altersjahr des Probanden verstanden.

Veröffentlichungen über die Häufigkeit des „Broken Home" bei endogenen Depressionen sind selten. STENSTEDT (1952) fand bei 216 manisch-depressiven Probanden in $19 \pm 4^0/_0$ ein „Broken Home" (die Zahlen beziehen sich auf seine Kriterien der Gruppen 1—3). Depressionen verschiedener Genese wurden durch BROWN (1961) und durch SETHI u. Mitarb. (1964) untersucht. Unter 216 Probanden fand BROWN in $41^0/_0$ den Verlust eines Elternteiles vor dem 15. Altersjahr, was signifikant häufiger war als in der Durchschnittsbevölkerung Englands ($12^0/_0$) und in einer Vergleichsgruppe von körperlich Kranken ($19,6^0/_0$). BECK et al. (1961) stimmen damit überein, daß Verlust eines Elternteiles bei Depressiven signifikant häufiger vorkomme als in einer Vergleichsgruppe nicht depressiver psychiatrischer Patienten. SETHI fand in 15,6 bis $17,9^0/_0$ ein „Broken Home" durch Tod eines Elternteils und in 9,3 bis $24,4^0/_0$ durch Trennung oder Scheidung der Eltern. Die Minima und Maxima beziehen sich dabei auf leichte und schwere (hospitalisierte) Depressionen. Auffallend ist dabei die höhere Frequenz von Trennungen und Scheidungen unter Eltern von Patienten mit schweren Depressionen.

Die nachstehende Tabelle 8 erweitert diejenige von K. u. C. ERNST (1965) und soll darlegen, wie gering die Unterschiede der „Broken Homes" einzelner Krankheitsgruppen sind, wenn die gleichen Kriterien zugrunde gelegt werden. Die Prozentzahlen beziehen sich auf die Summe folgender Störmerkmale für Probanden im Alter von 1—15 Jahren: uneheliche Geburt, Tod eines Elternteiles, Schicksal als Heim- oder Pflegekind und Ehescheidung oder Trennung der Eltern (Gruppen 1—3 von STENSTEDT).

Um die Prozentzahlen besser beurteilen zu können, wurde regelmäßig der mittlere Fehler berechnet. Die Gegenüberstellung von Neurosen und Psychosen ergibt dabei keine signifikanten Differenzen in der Häufigkeit des „Broken Home". Unter den endogenen Psychosen scheinen die Schizophrenen etwas häufiger aus grob-gestörten Familienverhältnissen zu stammen; aber auch diese Unterschiede sind nicht signifikant, da überall die Standardabweichungen sehr groß sind. Bei 152 Manisch-Depressiven finden wir in $30 \pm 3,71\%$ und bei 104 Involutionsmelancholikern in $38 \pm 4,8\%$ ein „Broken Home" (Tabelle 8).

Tabelle 8. *„Broken Home"*

	Stenstedt Gruppe 1–3 Prozent
a) Nicht psychotische Probanden	
Schwedische Marinerekruten (EKBLAD, 1948)	
309 während der Ausbildung nicht bestrafte	$28,7 \pm 2,3$
714 disziplinarische oder andere Straffällige	$33,0 \pm 2,2$
211 hospitalisierte neurotische Soldaten (MADOW, 1947)	$36,0 \pm 3,3$
100 hospitalisierte Alkoholiker (BLEULER, 1955)	$38,0 \pm 4,9$
203 Alkoholiker (AMARK, 1951)	$33,5 \pm 3,3$
70 klinische Neurosen (ERNST, 1965)	$33,0 \pm 5,6$
120 poliklinische Neurosen (ERNST, 1963)	$39,0 \pm 4,4$
380 hospitalisierte Hysteriker (LJUNGBERG 1957)	$30,0 \pm 2,4$
1505 Stellungspflichtige Rekruten (ROTACH u. HICKLIN, 1965)	$23,9 \pm 1,1$
b) Schizophrenien unserer Klinik	
100 hospitalisierte Schizophrene (HUBER, 1954)	$39,0 \pm 4,9$
102 hospitalisierte Schizophrene (RUBELI, 1959)	$38,0 \pm 4,8$
43 hospitalisierte Schizophrene (ERNST, 1959)	$51,0 \pm 7,6$
100 hospitalisierte Schizophrene (MÜHLING, 1952)	$61,0 \pm 4,9$
c) Endogene Depressionen	
216 Manisch-Depressive (STENSTEDT, 1952)	$19,0 \pm 4,0$
Eigene Ergebnisse	
105 hospitalisierte periodische Depressionen	$29,0 \pm 4,4$
47 hospitalisierte Manisch-Depressive	$34,0 \pm 6,9$
104 hospitalisierte Involutionsmelancholien	$38,0 \pm 4,8$
256 Probanden mit endogenen Depressionen	$33,0 \pm 2,9$
71 hospitalisierte Mischpsychosen	$30,0 \pm 5,4$
Total (Bezugsziffer 327/107 Fälle)	$32,7 \pm 2,6$

Der für 71 manisch-depressiv-schizophrene Mischpsychotiker gefundene Wert von $30 \pm 5,4\%$ beweist dabei, daß die diagnostische Zuordnung gar keine Rolle spielt.

Glücklicherweise wurden 1964 durch ROTACH und HICKLIN mit der gleichen Methodik 1505 stellungspflichtige Rekruten aus dem Kanton Zürich untersucht, so daß ein Vergleichsmaterial der Durchschnittsbevölkerung zur Verfügung steht. Sie fanden dabei in $23,9 \pm 1,1\%$ ein „Broken Home", und zwar für die Stellungspflichtigen der Stadt Zürich $30,7 \pm 2,6\%$, die Stellungspflichtigen aus Teilen des Kantons $20,5 \pm 1,2\%$. *Es muß somit als wahrscheinlich gelten, daß im Mittel die Häufigkeit von einem „Broken Home" unter endogen depressiven Probanden nicht von der Durchschnittsbevölkerung abweicht. Dies, wie auch die Tatsache, daß ungefähr gleich hohe „Broken-Home"-Ziffern bei allen möglichen psychischen Affektionen gefunden wurden, weist auf die Unspezifität dieser Konstellation hin.*

Es wird jedoch weiterer sorgfältiger Untersuchungen bedürfen, um die Bedeutung eines „Broken Home" abzuklären. Kürzlich hat KIND (1965) nachdrücklich gezeigt, wie vorsichtig der Befund eines „Broken Home" zu deuten ist. Es muß ihm zugestanden werden, daß einzelnen umschriebenen Schicksalsschlägen und psychischen Traumata für die Entwicklung einer späteren Psychose kaum große Bedeutung zuzumessen ist. Immerhin ist dabei zu bedenken, daß der Verlust eines Elternteiles oder die Ehescheidung der Eltern nicht nur momentane Schicksalsschläge, sondern Entbehrungen auf lange Sicht bedeuten können.

Tabelle 9. *Kindheitsmilieu und Familienbild*

Äußere Auflösung der Familieneinheit durch	Alter				total Prozent
	0—4 Jahre	5—9 Jahre	10—14 Jahre	0—14 Jahre	
a) Tod des Vaters	13	11	11	35	(10,7 ± 1,72)
b) Tod der Mutter	13	14 (2)	11 (5)	38 (7)	(13,8 ± 1,91)
c) Trennung von den Eltern (Heim- und Pflegekind)	11 (6)	3 (4)	6 (7)	20 (17)	(11,4 ± 1,76)
d) Trennung oder Scheidung der Eltern	4 (4)	1 (1)	3 (1)	8 (6)	(4,3 ± 1,12)
e) Uneheliche Geburt, nachher ungeordnetes Milieu	— (2)	7 (9)	—	7 (11)	(5,5 ± 1,27)
Summe der „Broken Home"	41	36	31	108	(33,0 ± 2,60)
Ungünstige Eltern					
f) Vater Alkoholiker				50 (22)	(21,0 ± 2,29)
g) Mutter Alkoholikerin				1 (4)	(2,2 ± 0,82)
Summe der „Broken Home" inkl. alkoholisches Milieu				159	(48,7 ± 2,76)
h) Vater abnorme Persönlichkeit (ohne Trinker und Psychotiker)				11 (15)	(7,9 ± 1,50)
i) Mutter abnorme Persönlichkeit (wie oben)				— (7)	(2,1 ± 0,80)
k) Vater endogen psychotisch				8 (5)	(4,0 ± 1,08)
l) Mutter endogen psychotisch				18 (21)	(11,9 ± 1,79)
m) Ehe der Eltern sonst zerrüttet				30	(9,2 ± 1,60)
Summe der gestörten Familien				226	(69,2 ± 2,56)

Die in Klammern beigefügten Zahlen beziehen sich auf Probanden, bei welchen ein anderes, sicherer faßbares, in der Tabelle meist weiter oben aufgeführtes Störmerkmal bereits für die Zählung verwendet worden war.

Die in Klammern gesetzten Prozente beziehen sich auf die Summe des betreffenden Störmerkmals.

Ein überraschendes Ergebnis fördert die Korrelation der „Broken-Home"-Häufigkeit endogen-depressiver Probanden mit dem Erkrankungsalter zutage (Tabelle 10). Man könnte erwarten, daß Probanden, welche aus schwer gestörten Familienverhältnissen stammen, der groben Milieuschädigung wegen in der Kindheit früher erkranken würden als Probanden aus geordneten Verhältnissen. Gerade das Umgekehrte ist der Fall: *Depressive, die erst nach dem 50. Altersjahr erstmals erkranken, stammen statistisch signifikant häufiger aus äußerlich gestörten Familienverhältnissen als Probanden, die vor dem 50. Altersjahr erkranken* ($\chi^2 = 6{,}470$, $n = 1$, $P = 0{,}02$). Auf der Interpretation dieses Befundes soll später, im Zusammenhang der Erörterungen über die

Bedeutung von genetischen und exogenen Einflüssen auf das Ersterkrankungsalter ausführlich eingegangen werden.

Tabelle 10. *Häufigkeit des „Broken Home" korreliert zum Ersterkrankungsalter*

Ersterkrankungs-alter	Pro-banden	„Broken Home"		Prozent ja
		ja	nein	
10—19	30	7	23	(23)
20—29	72	23	49	(32)
30—39	53	20	33	(38)
40—49	69	16	53	(23)
50—59	64	26	38	(41)
60—69	30	12	18	(40)
70—79	12	5	7	(42)
80—89	1	1	—	—
total 10—49	224	66	178	$29,5 \pm 3,05$
50—89	107	44	63	$41,1 \pm 4,76$

11. Körperbau und prämorbide Persönlichkeit

a) Körperbau

Seit dem grundlegenden Werk von E. Kretschmer über „Körperbau und Charakter" sind zahlreiche Arbeiten über die Beziehungen zwischen syntonem Temperament, Cycloidie und manisch-depressivem Kranksein erschienen. Weitbrecht (1960) faßt die Ergebnisse dahingehend zusammen, daß eine eindrucksvolle Häufigkeit zwischen pyknischem Körperbau, cyclothymem Temperament und manisch-depressivem Kranksein als gesichert angenommen werden darf. Kretschmer fand unter 85 manisch-depressiven Probanden 68,2% Pykniker, Weitbrecht unter 139 Probanden nur 44% Pykniker. Ähnlich hoch liegen die Zahlen von Kinkelin (146 Fälle) mit 50% und Kielholz (1959) (232 Probanden) mit 41% Pyknikern.

Es kann nicht Aufgabe dieser Untersuchung sein, die Korrelation zwischen Körperbau, syntonem Temperament und manisch-depressiver Erkrankung in Frage zu stellen. Schon auf Grund der Auswahl der Probanden, wobei die nur manisch Erkrankten ausgeschlossen wurden, wäre das nicht möglich. Es ist jedoch sinnvoll, innerhalb unserer Probanden, gruppiert nach verschiedenen Gesichtspunkten (z. B. Verlaufsform, Körperbau, Intelligenz) zu untersuchen, ob das syntone Temperament sich gleichmäßig oder verschieden verteilt. Die eigenen körperlichen Untersuchungen beanspruchen keinen hohen Grad an Genauigkeit, beruhen sie doch lediglich auf dem klinischen Eindruck (wie z. B. auch die Zahlen von Kielholz und Kinkelin) und nicht auf Messungen.

Die von Kretschmer (1929) gefundene hohe Affinität der Manisch-Depressiven zum pyknischen Habitus ist wohl durch viele Autoren bestätigt worden. Lange faßt aber in seiner Handbuch-Übersicht schon 1928 zweifelnd zusammen: „Zieht man dabei in Rechnung, daß gerade aus den größten Materialien mit einwandfreier anthropologischer Technik die geringsten Prozentzahlen für Pykniker herausgekommen sind, so wird man Bedenken hinsichtlich der Aufstellungen Kretschmers nicht unterdrücken können. Noch eindrucksvoller wirken die Diskrepanzen, wenn man ins Auge faßt, daß an einem, dem Stamm nach, nächstverwandten Material von Rohden mehr als 80%, von Moellenhoff und Kolle aber weniger als 20% pyknische Körperbauformen gezählt werden. Es handelt sich also um Unstimmigkeiten von solchem Ausmaß, daß sie durch Zufälligkeiten keinesfalls erklärt werden können."

KIELHOLZ fand 1959 im Basler Krankengut unter Manisch-Depressiven 41% Pykniker und 29% Leptosome. Die Differenz beträgt nach unseren Berechnungen 2,9mal den mittleren Fehler und ist statistisch signifikant. KIELHOLZ betont, daß in der Basler Durchschnittsbevölkerung eindrucksmäßig weniger pyknische Konstitutionen vorgefunden werden als im Kretschmerschen Ausgangsmaterial aus Schwaben. Das gleiche scheint in vermehrtem Maße für unsere Zürcher Bevölkerung zuzutreffen. Vielleicht spielen aber auch Umschichtungen des Körperhabitus im Laufe der Jahrzehnte bei unterschiedlichen Befunden eine große Rolle. Der Anteil an Pyknikern ist in den verschiedenen diagnostischen Gruppen unseres Materials recht unterschiedlich (die Differenz ist aber statistisch nirgends signifikant). 39% Pykniker finden sich — wie zu erwarten — unter den manisch-depressiven Probanden, welche eine zirkuläre Verlaufsform zeigen. Ein ebenso hoher Wert läßt sich für Involutionsmelancholiker nachweisen. Hingegen sind die Pykniker unter den Mischpsychotikern, vor allem aber unter den Depressiven, welche keine manischen Schwankungen zeigen, seltener vertreten. Unter monophasischen und periodischen Depressiven finden sich mit 41% vor allem Leptosome (Tabelle 11).

Tabelle 11. *Körperbau nach der Kretschmerschen Typologie*

Körperbau	Manischdepressive Psychosen						Involutions-melancholien			Misch-psychosen			Total			
	Zirkulärer Verlauf			Depressiver Verlauf												
	m	f	% m+f	m	f	% m+f	m	f	% m+f	m	f	% m+f	m	f	m+f	% m+f
leptosom	8	7	33	8	35	41	8	24	31	3	17	27,5	27	83	110	34
pyknisch	4	14	39	5	18	22	7	32	38	5	18	31,5	21	82	103	31
athletisch	2	2	9	6	9	14	5	8	13	2	6	11	15	25	40	12
andere	2	7	19	5	19	23	7	12	18	5	17	30	19	55	74	23
Total	16	30		24	81		27	76		15	58		82	245	327	

Der Einwand liegt nahe, daß unter den nur depressiv erkrankten Probanden sich diagnostisch unsichere Fälle häufen, welche gar nicht dem manisch-depressiven Kranksein zugehörten. Dieser Einwand ist beachtenswert und kann dadurch gestützt werden, daß sich, wie später gezeigt wird, in der Verwandtschaft dieser Probanden etwas weniger affektive Psychosen häufen als in der Verwandtschaft der Kerngruppe von cyclisch Erkrankten. Vielleicht besteht aber auch tatsächlich ein tiefgreifender Unterschied zwischen nur depressiv und manisch-depressiv erkrankten Probanden. Bei der Durchsicht der Literatur fällt auf, daß die meisten Untersucher nicht zwischen depressiv und cyclisch Erkrankten differenzieren, sondern sich einfach auf Manisch-Depressive als ganzes konzentrierten. Außerdem haben die meisten Untersucher der diagnostischen Sicherheit wegen cyclisch erkranktes Material bei genetischen Forschungen ausgelesen. Eine solche Auslese unter Vernachlässigung der nur depressiv verlaufenden Erkrankungen ist natürlich für letztere gar nicht repräsentativ. Die Annahme einer erbbiologischen Einheit von Manien und Depression kann immer noch angezweifelt werden.

Bezüglich des Körperbaus wäre aus unserem Material zu vermuten, daß zwischen pyknischem Habitus und manischer Erkrankung eine viel engere Beziehung besteht als zur depressiven Erkrankung. Diese Hypothese wird noch dadurch gestützt, daß sich unter den zirkulär Erkrankten signifikant mehr syntone und cycloide Charaktere finden als unter den nur depressiv Erkrankten.

Unsere Untersuchung will nicht darauf verzichten, gewisse Charaktereigenschaften, z. B. Sensitivität (schon MAUZ [1930] wies darauf hin, daß sensitive Manisch-Depressive gar nicht so selten sind) und Ordentlichkeit, Gewissenhaftigkeit bis zur Pedanterie zu registrieren, auszuzählen und zur nosologischen Diagnose und Intelligenz in Beziehung zu setzen. Es soll schließlich auch versucht werden, andere Variablen (z. B. Entwicklungsstand, Kontaktfähigkeit, Entäußerungsfähigkeit, Stabilität) quantitativ als normal, vermindert oder, wo es sinnvoll ist, vermehrt zu bewerten. Man hat sich dabei selbstverständlich der Fragwürdigkeit eines derartigen Unterfangens, das sich auf keinerlei Tests stützt, bewußt zu bleiben. Die möglichen Einwände treffen aber letztlich jede psychopathologische, nicht objektivierbare Beschreibung und damit auch jede darauf gegründete Diagnostik.

Nach den Kriterien von M. BLEULER (1941) soll im weiteren die soziale Auffälligkeit der Persönlichkeit quantitativ abgeschätzt werden. Der präpsychotische Charakter wird quantitativ abgestuft in „unauffällig", in „auffällig innerhalb der Norm" und „psychopathisch", sowie qualitativ gegliedert, z. B. in synton-cycloid, schizothym-schizoid. BLEULER definiert: „Eine Psychopathie wurde nur angenommen, wenn die Persönlichkeitsstörung einen Grad erreichte, unter dem entweder der Träger selbst litt und in seinem Fortkommen behindert war, oder seiner Umgebung zur drückenden Last wurde. Als „auffällig" wurden Charaktere bezeichnet, die aus ihrer Umgebung deutlich herausstachen, bei denen aber die Besonderheiten der Kriterien der Psychopathie nicht erfüllten."

Eine genügend einheitliche und gleichmäßig gründliche Erforschung der prämorbiden Persönlichkeit ist ein schwieriges Unterfangen. Eine rein klinische und nicht experimentelle Klassifizierung von Intelligenz und Affektivität kann keinen zu hohen Anspruch auf Genauigkeit erheben. Die rechnerischen Ergebnisse sollten deshalb mit entsprechender Zurückhaltung aufgenommen und interpretiert werden. Es kann nur darum gehen, gewisse Tendenzen beim Vergleich der diagnostischen Gruppen deutlich zu machen, und es sollen gewisse Fragen, z. B. die Häufigkeit psychopathischer Charaktere, oder die Verteilung syntoner Temperamente auf die nosologischen Gruppen untersucht werden.

b) Intelligenz

Die Intelligenz wird gegliedert in überdurchschnittlich, durchschnittlich, unterdurchschnittlich und debil.

Imbezille und Idioten sind nicht unter die Probanden aufgenommen, weil sich hier die Diagnose einer manisch-depressiven Psychose sehr schwierig gestaltet. Eine überdurchschnittliche Intelligenz wurde auf Grund der Lebensbewährung bei abgeschlossener Mittelschulbildung (berechtigt in der Schweiz meist zum Hochschulstudium) angenommen. Eine unterdurchschnittliche Intelligenz ist angenommen bei Probanden, welche ein Schulversagen aufweisen (Repetition von 1—2 Schulklassen), jedoch knapp noch in der Volksschule mitkamen und nicht fähig waren, eine Berufslehre zu absolvieren. Als debil wurden alle Probanden klassiert, welche die Normalschule nicht besuchten oder sich bei Intelligenzmessungen (Hamburg-Wechsler-Intelligenztest) als leicht schwachsinnig erwiesen.

5—7% des Krankengutes weisen einen *leichten Schwachsinn* auf (Tabelle 12). Die diagnostischen Untergruppen lassen dabei keine Unterschiede erkennen. Bei den Spätdepressionen ist die Diagnose der Intelligenz wegen des hohen Alters der Probanden am unsichersten. Es dürften dabei einige überdurchschnittliche Begabungen nicht diagnostiziert sein. Der hohe Anteil von Unterbegabten und leicht Schwachsinnigen im ganzen Material könnte zum Teil der Auslese zuzuschreiben sein, daß überdurch-

Tabelle 12. *Intelligenz der Probanden*

Intelligenz	Manisch-depressive		Involutions-melancholiker		Misch-psychosen		Total	Prozent
	N	%	N	%	N	%		
überdurchschnittlich . .	23	15	5	5	7	10	35	$10{,}7 \pm 1{,}7$
durchschnittlich	100	66	83	80	50	68	233	$71{,}2 \pm 2{,}5$
unterdurchschnittlich . .	21	14	9	9	11	15	41	$12{,}6 \pm 1{,}8$
debil	7	5	6	6	5	7	18	$5{,}5 \pm 1{,}3$
total Probanden	151	100	103	100	73	100	327	

schnittlich Begabte vermehrt in die umliegenden Privatkliniken eintreten. Unser Krankengut dürfte bezüglich der Intelligenz eine negative Auslese darstellen und für das manisch-depressive Kranksein nicht repräsentativ sein. Es eignet sich aber trotzdem zur Beantwortung gewisser Fragen, die aus dem Untersuchungsgut selbst hervorgehen.

Es soll im folgenden die Beziehung gesucht werden zwischen Intelligenzgrad und

1. Ersterkrankungsalter,
2. auslösende situative Momente und Krankheiten bei der Ersterkrankung,
3. Herkunft aus einem „Broken Home",
4. Symptomatologie.

ad 1. *Das Ersterkrankungsalter* zeigt keine Beziehungen zur Intelligenz. Auf die tabellarische Wiedergabe der Zahlen wird verzichtet.

ad 2. *Auslösende Momente* finden sich im ganzen bei Debilen eindrucksmäßig vermehrt; der Unterschied hält aber einer statistischen Prüfung nicht stand. Die Aufgliederung der exogenen Momente ergibt eine Vermehrung von familiären auslösenden Konflikten bei Debilen. Die Zahlen sind jedoch zu klein, um Schlußfolgerungen zuzulassen (Tabelle 13).

Tabelle 13. *Intelligenz und auslösende situative Momente bei der Ersterkrankung*

Intelligenz	Probanden	exogene Auslösung der Ersterkrankung	Prozent
überdurchschnittlich . . .	35	15	43
durchschnittlich	237	112	47
unterdurchschnittlich . . .	41	16	39
debil	18	10	55

ad 3. *Herkunft aus einem „Broken Home".* Ein „Broken Home" im engeren Sinne (uneheliche Geburt, Tod eines Elternteiles oder Ehescheidung der Eltern vor dem 15. Altersjahr des Probanden) verteilt sich prozentual ungefähr gleich auf die verschiedenen Intelligenzgrade (Tabelle 14). *Hingegen häufen sich unter den unterdurchschnittlichen Intelligenten und Debilen die „Broken Homes" im weiteren Sinne durch Abnormitäten, Psychosen oder Alkoholismus der Eltern signifikant* (Tabelle 15); *P* ist dabei kleiner als 0,01. Vor allem verteilt sich der Alkoholismus des Vaters auf

die Intelligenzgrade der Probanden sehr ungleichmäßig: *Überdurchschnittlich Intelligente haben bedeutend seltener (3%) und Unterbegabte häufiger (32 bzw. 33%) einen trunksüchtigen Vater als die durchschnittlich intelligenten Probanden.* Die Unterschiede sind auf dem 2%-Niveau signifikant (Tabelle 16).

Tabelle 14. *Intelligenz der Probanden und Herkunft aus einem „Broken Home"*
im engeren Sinne

Intelligenz	Probanden	Vorkommen von „Broken Home" Anzahl	Prozent
überdurchschnittlich . . .	35	7	$20 \pm 6,8$
durchschnittlich	237	78	$33 \pm 3,1$
unterdurchschnittlich . . .	41	17	$41 \pm 7,7$ $\left.\right\}$ $42 \pm 6,4$
debil	18	8	$44 \pm 11,7$

Tabelle 15. *Intelligenz der Probanden und Herkunft aus einem „Broken Home" im weiteren Sinne (inkl. Trunksucht, Abnormitäten und Psychosen der Eltern)*

Intelligenz	Probanden	Anzahl „Broken Home"	Prozent
überdurchschnittlich . . .	35	13	$37 \pm 8,1$
durchschnittlich	237	136	$57,3 \pm 3,22$
unterdurchschnittlich . . .	41	31	$75,6 \pm 6,70$
debil	18	13	$72 \pm 10,6$

Tabelle 16. *Intelligenz der Probanden und Alkoholismus des Vaters*

Intelligenz	Probanden	Vater Alkoholiker	Erwartungswert
überdurchschnittlich . . .	35	1	7,7
durchschnittlich	237	53	52
unterdurchschnittlich . . .	41	13	9,4
debil	18	6	4

ad 4. *Symptomatologie.* FLÜGEL (1924) berichtete über einen Vergleich von 30 Schwachsinnigen gegenüber 89 normal intelligenten Melancholikern und fand bei Debilen häufiger starke körperliche Beschwerden und hypochondrische Klagen als bei normal Intelligenten. Ausgeprägt war diese Erscheinung vor allem bei debilen melancholischen Männern, am wenigsten bei Frauen. Wahnhafte Inhalte traten bei den Debilen sehr stark zurück, auch Halluzinationen waren seltener. Hingegen häuften sich psychogene Züge. Suicidgedanken fand FLÜGEL unabhängig vom Intelligenzgrad. Unser Untersuchungsgut umfaßt nur 13 Debile und 30 unterdurchschnittlich Intelligente, die 28 überdurchschnittlich und 183 durchschnittlich Intelligenten gegenübergestellt werden können. Tabelle 17 gibt die detaillierten Befunde. Die Berechnungen ergeben nirgends signifikante Unterschiede, wenn auch gewisse Zahlen leichte Abweichungen zeigen: bei überdurchschnittlich Intelligenten finden sich etwas weniger agitierte und vermehrt Kranke mit Schuldgefühlen, bei den unterdurchschnittlich Intelligenten etwas vermehrt hypochondrische Bilder.

Unter den 254 endogenen Depressionen läßt sich somit keine sichere Abhängigkeit des registrierten psychopathologischen Bildes vom Intelligenzgrad feststellen.

Tabelle 17. *Intelligenz und psychopathologische Symptome endogener Depressionen (Erwartungswerte in Klammern). 254 Probanden*

Symptome	Intelligenz				
	überdurch-schnittlich	durch-schnittlich	unterdurch-schnittlich	debil	total
Hemmung	15	113	17	9	154
Agitation	13 (17,6)	53	13	3	82
Angst	24	142	25	13	204
Schuldgefühle	19 (14,5)	89	16	8	132
Hypochondrie	10	68	15 (11,8)	7 (5,1)	100
Verarmungsinhalte	2	42	3	3	50
Wahngedanken	10	91	17	7	125
depressive Halluzinationen .	—	6	4	—	10
Suicidäußerungen	13	69	12	7	101
Suicidversuch vor der Hospitalisierung	6	54	8	3	71
Suicid nach der Entlassung .	1	8	—	—	9
Probanden total	28	183	30	13	254

c) Charakter

Die *soziale Auffälligkeit* verteilt sich (Tabelle 18) auf alle diagnostischen Gruppen ungefähr gleich. 50—60% der Probanden sind prämorbid unauffällig (weit mehr als bei der Schizophrenie, 25—30% auffällig innerhalb der Norm und nur 13 bis

Tabelle 18. *Präpsychotische soziale Auffälligkeit*

Diagnose der Probanden	Anzahl	unauffällig		auffällig innerhalb der Norm		psychopathisch	
	n_{1-3}	n_1	Prozent	n_2	Prozent	n_3	Prozent
MDP zirkuläre	46	29	63	11	24	6	13
depressive	105	56	53	34	32	15	14
Involutions-melancholie	103	68	66	21	20	14	14
Mischpsychosen	73	39	53	23	31	11	15

15% sind psychopathisch. Die drei Gruppen stehen ungefähr im Zahlenverhältnis 4 : 2 : 1.

Neben der bereits erwähnten Beziehung zwischen syntonem Temperament und manisch-depressivem Kranksein haben andere Autoren immer wieder darauf hingewiesen, daß sich, im Gegensatz dazu, gehemmte, ruhige, ernste, sorgenvolle oder auch humorlose, übergewissenhafte, etwas starre Persönlichkeiten, z. B. bei der Involutionsmelancholie häufen (NOYES [1955], TITLEY [1936], PALMER et al. [1938] und KIELHOLZ [1959]). Bei den Manisch-Depressiven haben MAYER-GROSS, SLATER und ROTH (1954) in ihrem Lehrbuch nochmals die Aufstellung von KRAEPELIN (1913) hervorgehoben, in welchen die depressiv-prämorbiden Charaktere viel häufiger sind als hypomanisch-cyclothyme oder empfindsame.

Die Differenzierung von *syntonem und schizothymem Temperament* wurde, wenn immer möglich, durchgeführt. Tabelle 19 gibt die gefundenen Zahlen getrennt nach Geschlecht und diagnostischen Gruppen wieder. Es ist daraus hervorzuheben:

Tabelle 19. *Verteilung der Kretschmerschen Temperamente*

Diagnose der Probanden	Anzahl n_{1-4}	cyclothym					schizothym		unklare
		synton heiter n_1 %		synton schwerblütig n_2 %		$n_1 + n_2$ %		n_3 %	n_4
MDP zirkuläre	46	23	50	6	13	29	63	17	37	—
depressive	105	33	31	13	12	46	44	51	48	8
Involutions- melancholie	103	39	38	19	18	58	56	40	39	5
Mischpsychosen	73	20	27	7	10	28	39	38	52	7

1. Ein syntones Temperament findet sich in 50% aller endogenen Depressiven. Am häufigsten wird es bei zirkulären Kranken (mit 63%) gefunden. Es folgen die Involutionsmelancholiker und die einfach und periodisch Depressiven. Am wenigsten Syntone sind unter den manisch-depressiv-schizophrenen Mischpsychotikern (39%).

2. Umgekehrt ist das schizothyme Temperament bei Mischpsychotikern mit 51% am häufigsten, erreicht aber niemals die Werte, welche bei Schizophrenen vorkommen. Am wenigsten schizothyme Charaktere finden sich unter zirkulär Erkrankten (37%).

3. Die Verteilung von syntonen und schizothymen Charakteren entspricht in der Tendenz den Erwartungen, hingegen fällt auf, daß der Gesamtanteil von schizothymen Charakteren unerwartet hoch ist.

Wie im Abschnitt über Körperbau ausgeführt ist, finden sich auch verhältnismäßig viele Leptosome unter den Manisch-Depressiven. Es ist deshalb noch interessant, die Korrelation unserer Körperbaudiagnose (welche nur eine eindrucksmäßige ist) mit derjenigen des Temperamentes (synton-schizothym) zu untersuchen. Tabelle 20 zeigt deutlich folgendes: Unsere Diagnose „pyknisch" ist zu 69% mit der Diagnose synton gepaart, umgekehrt finden wir eine Korrelation von 63% zwischen leptosom und schizothym. Die Athletiker, welche allerdings zahlenmäßig sehr klein sind, nehmen eher eine Mittelstellung ein.

Tabelle 20. *Korrelation zwischen Körperbau und Temperament nach* KRETSCHMER

Körperbau	Anzahl n_{1-4}	cyclothym synton				schizothym		unsicher	
		heiter n_1	schwerblütig n_2	$n_1 + n_2$	%	n_3	%	n_4	%
pyknisch	105	50	24	74	70	25	24	6	6
leptosom . . .	110	27	11	38	34	69	63	3	3
athletisch . . .	41	19	3	22	53	18	44	1	2
anders	75	22	8	30	40	35	47	10	13

Bezüglich Körperbau und prämorbider Persönlichkeit läßt sich zusammengefaßt folgendes finden: Es besteht eine Häufung von syntonen Charakteren unter den zirkulär Erkrankten; demgegenüber sind Mischpsychotiker häufiger schizothym oder gar schizoid.

Die Beziehungen der Verlaufsform der Psychose zur prämorbiden Persönlichkeit sind deutlich enger als zum Körperbau nach der Kretschmerschen Einteilung. Besonders eng scheint die Beziehung zwischen *syntonem Temperament und zirkulärer Verlaufsform.*

Gliedert man die syntonen Temperamente in überwiegend heitere und schwerblütige, so zeigt sich das folgende:

1. Unter den cyclisch (d. h. an manischen und depressiven Phasen) Erkrankten finden sich besonders häufig synton heitere Charaktere (50%). Die letzteren finden sich in keiner anderen Vergleichsgruppe ähnlich hoch. Einfach und periodisch Depressive sind nur zu 31% prämorbid synton heiter.

2. Die synton Schwerblütigen stechen in keiner Gruppe besonders heraus, höchstens bei Involutionsmelancholikern finden sie sich mit 18,5% etwas häufiger.

Eine weitere Frage ist die, wie sich die cycloiden und schizoiden Psychopathen auf die untersuchten nosologischen Gruppen verteilen (Tabelle 22). Wenn die Zahlen auch klein sind, gehen unverkennbar folgende Tendenzen aus der Tabelle hervor:

Tabelle 21. *Temperament nach* KRETSCHMER *und soziale Auffälligkeit*

Temperament	Anzahl	Soziale Auffälligkeit					
		unauffällig		auffällig innerhalb der Norm		psychopathisch	
	n_{1-3}	n_1	%	n_2	%	n_3	%
synton heiter.	117	86	73,5	17	14,5	14	12
synton schwerblütig	46	33	72	12	26	1	2
schizothym	148	61	41	58	39	29	20
unklar	20	16	80	2	10	2	10
total	331	196		89		46	

Tabelle 22. *Häufigkeit cycloider und schizoider Psychopathien*

Nosologische Diagnose	Anzahl	Psychopathie					
		cycloid				schizoid	
		heiter		schwerblütig			
	n_{1-3}	n_1	%	n_2	%	n_3	%
MDP zirkulär	46	4	9,3	—		1	$2,2 \pm 2,15$
depressiv	105	4	3,8	1		9	$8,6 \pm 2,73$
Involutionsmelancholie	103	3	2,9	—		11	$10,7 \pm 3,04$
Mischpsychosen	73	2	2,7	—		8	$11,0 \pm 3,66$
total	327	13		1		29	

Cycloide Psychopathen sind am häufigsten unter den Zirkulären (9%) und nehmen an Häufigkeit ab über die Gruppen: Periodisch Depressive, Involutionsmelancholiker, Mischpsychotiker (2,7%). Gerade komplementär verteilen sich die *schizoiden Psychopathen:* Sie finden sich mit 11% am häufigsten unter den Mischpsychotikern und mit 2,2% am seltensten unter den Zirkulären.

Ferner geht aus der Tabelle 21 hervor, daß sich die Schizoidie häufiger als Psychopathie manifestiert als die Cycloidie. Offenbar wird der Schizoide von der Umwelt rascher als abnorm erlebt.

M. BLEULER (1941) fand die überdurchschnittlich Intelligenten unter den schizoiden Psychopathen gehäuft. Tabelle 23 a gibt unsere *Korrelation der Intelligenz mit der sozialen Auffälligkeit*. Es sind dabei mit der χ^2-Methode keine signifikanten

Tabelle 23 a. *Psychopathie und Intelligenz (Erwartungswerte in Klammern)*

Soziale Auffälligkeit	Anzahl	Intelligenz			debil
		überdurch-schnittlich	durch-schnittlich	unterdurch-schnittlich	
unauffällig	196	18 (20,7)	148 (139,4)	21 (24,2)	9 (10,4)
auffällig innerhalb der Norm	89	11 (9,4)	60 (63,3)	12 (15)	6 (4,8)
psychopathisch	46	6 (4,9)	29 (33)	8 (5,7)	3 (2,5)
total	331	35	237	41	18

Unterschiede zu finden, wenn man alle Psychopathien berücksichtigt. Auch die 29 schizoiden Psychopathen im speziellen verteilen sich den Erwartungen gemäß.

Auf die „Ordentlichkeit des Typus melancholicus" im Sinne von TELLENBACH (1961) weist der von uns registrierte Charakterzug der Gewissenhaftigkeit hin. In 43,5% aller Depressiven fanden wir diesen Persönlichkeitszug. Das Bild wäre aber zu einseitig, wenn man daraus verallgemeinernde Schlußfolgerungen ziehen würde. Unter den prämorbiden Persönlichkeiten gibt es eine ganze Anzahl von sensitiv reizbaren (bei Leptosomen häufiger) und von elementar-primitiv reizbaren Charakteren (diese sind bei Athletikern und weniger Intellektuellen häufiger) (Tabelle 23 b). Zur Intelligenz korreliert ergibt sich folgendes (Tabelle 24):

Tabelle 24. *Charakterzüge und Intelligenz*

Charakterzug	Intelligenz			
	über-durch-schnittlich	durch-schnittlich	unter-durch-schnittlich	debil
gewissenhaft	18	103	13	8
sensitiv	10	48	6	2
geltungssüchtig	2	10	2	—
gemütsarm	2	2	—	—
elementar reizbar	1	16	8	6
strebsam-tüchtig	3	21	—	—
sektiererisch	1	6	—	—
kriminell	—	2	2	—
o. B.	—	30	8	2
total Probanden	35	233	41	18

Gewissenhafte finden sich auf allen Intelligenzstufen gleich häufig. Sensitive und Ehrgeizig-Strebsame sind unter den Intelligenteren häufiger, elementar-primitiv Reizbare sind unter den Dummen und Debilen gehäuft, was wohl einer allgemeinen Regel entspricht.

Es wurde auch versucht, die prämorbide Persönlichkeit, gewissen Variablen entsprechend, grob quantitativ abzuschätzen; z. B. den Entwicklungsstand als normal oder als vermindert zu registrieren. Unter dem letzteren wurde ein leichter oder ein ausgeprägter Infantilismus verstanden. Die Kriterien richteten sich nach denjenigen

Tabelle 23 b. *Verteilung einzelner Charakterzüge auf die diagnostischen Probandengruppen*

Charakterzug / Probanden	MDP				Involutionsmelancholien		Mischpsychosen		Probanden	
	zirkulärer Verlauf		depressiver Verlauf							
	Fälle 46	Prozent	Fälle 105	Prozent	Fälle 103	Prozent	Fälle 73	Prozent	total Fälle 327	Prozent
Gewissenhaft-anankastisch	22	$47,8 \pm 7,37$	31	$29,5 \pm 4,45$	52	$50,4 \pm 4,93$	24	$37 \pm 5,66$	142	$43,4 \pm 2,75$
sensitiv-reizbar	8	$17,4 \pm 5,59$	27	$25,7 \pm 4,27$	13	$12,6 \pm 3,28$	19	$26,0 \pm 5,14$	67	$20,5 \pm 2,23$
geltungssüchtig-hysterisch	1	$2,2 \pm 2,2$	6	$5,7 \pm 2,27$	5	$4,8 \pm 2,12$	2	$2,7 \pm 1,91$	14	$4,3 \pm 1,12$
gemütsarm	—	—	2	$1,9 \pm 1,34$	—	—	—	—	2	$0,6 \pm 0,47$
elementar-primitiv reizbar	3	$6,5 \pm 3,64$	10	$9,5 \pm 2,86$	9	$8,7 \pm 2,78$	9	$12,3 \pm 3,85$	31	$9,5 \pm 1,62$
strebsam, ehrgeizig	5	$10,1 \pm 4,6$	8	$7,6 \pm 2,58$	6	$5,8 \pm 2,31$	4	$5,5 \pm 2,67$	23	$7,0 \pm 1,42$
kriminell	1		2						4	$1,2 \pm 0,19$

von FURGER (1963). Es sind unter „vermindert entwickelt" sämtliche emotionellen Kümmerentwicklungen eingeschlossen. Als weitere Variablen sind Kontaktfähigkeit, Aktivität, Stabilität, Selbstwertgefühl und Entäußerungsfähigkeit geschätzt nach „normal/vermindert/vermehrt". Selbstverständlich hat man sich der Fragwürdigkeit derartiger Beurteilungen bewußt zu bleiben und auf keinen Fall darf die Genauigkeit oder gar die statistische Verwertung der Ergebnisse überschätzt werden. Trotz aller Bedenken scheinen die Ergebnisse interessant genug, um nicht einfach übergangen zu werden (Tabelle 25).

Retardierung der emotionellen Entwicklung waren in 83 von 327 Probanden zu finden, wobei in den einzelnen diagnostischen Gruppen von den Erwartungswerten nirgends stark abgewichen wurde. Hingegen sind die prämorbide Aktivität und Stabilität bei zirkulär erkrankten Probanden im reziproken Sinne verändert: die Stabilität ist oft vermindert, die Aktivität vermehrt. Auch diese Charakteristika sind statistisch nicht zu untermauern. Folgende statistisch gesicherten Befunde liegen für die Gruppe der periodischen endogenen Depressionen und die Mischpsychosen vor: *Periodisch Depressive* und *Mischpsychotiker* sind prämorbid gehäuft *selbstunsicher, entäußerungsgehemmt* und damit auch *kontaktgehemmt* (in ca. 40% der Fälle). Die Zufallswahrscheinlichkeit liegt unter 1‰. Demgegenüber sind *Probanden mit* Involutionsdepressionen prämorbid *weniger auffällig:* sie sind weniger häufig emotionell retardiert und weder besonders selbstunsicher noch entäußerungs- oder kontaktgehemmt. Es ist auch offensichtlich, daß Selbstunsicherheit, Kontakt- und Entäußerungshemmung oft mit der noch etwas häufigeren Ordentlichkeit oder Übergewissenhaftigkeit gepaart sind.

Zusammengefaßt ist über die prämorbide Persönlichkeit unserer Probanden hervorzuheben:

1. Quantitative Abweichungen bezüglich der sozialen Auffälligkeit finden sich im Vergleich zur Schizophrenie unter endogen Depressiven viel weniger: nur $^2/_7$ sind auffällig innerhalb der Norm und nur $^1/_7$ ist psychopathisch.

Tabelle 25. *Häufigkeit gewisser psychologischer Variablen*
(Erwartungswerte in Klammern)

Variable		Manisch-depressive		Involutions-melancholie	Misch-psychosen	Total
		cyclische	depressive			
Emotionelle Ent-wicklung	normal	33	69	85	57	244
	vermindert	13	35	18	16	82
Aktivität	normal	38	97	95	66	296
	vermindert	—	5	4	2	11
Stabilität	vermehrt	10 (3,1)	3	4	5	22
	normal	33	89	92	59	273
	vermindert	9 (4,1)	6	7	7	29
Selbstwertgefühl	vermehrt	4	10	4	7	25
	normal	33	53	78	38	202
	vermindert	13	52 (39,8)	25	34 (27,2)	124
Entäußerungs-fähigkeit	vermehrt	—	—	—	1	1
	normal	28	60	76	32	196
	vermindert	12	43 (38)	24	39 (26,4)	118
	vermehrt	6	2	3	2	13
Kontaktfähigkeit	normal	34	54	66	31	181
	vermindert	6	52 (42,2)	34	40 (29,2)	132
	vermehrt	6	3	3	2	14

2. Qualitativ läßt sich feststellen:

a) ein syntones Temperament weisen 50⁰/o der manisch-depressiven Probanden auf. Mischpsychotiker sind häufiger schizothym oder schizoid, jedoch weit weniger häufig als Schizophrene.

b) Synton heitere Charaktere finden sich vor allem unter den zirkulär Erkrankten. Synton schwerblütige hingegen sind auf alle diagnostischen endogen depressiven Gruppen gleich verteilt.

c) Auffallend viele (die Hälfte) der Depressiven sind prämorbid ordentlich, gewissenhaft oder pedantisch.

d) Einfache und periodisch Depressive MDK sowie Mischpsychotiker sind gehäuft selbstunsicher, entäußerungsgehemmt und kontaktgestört.

e) Am unauffälligsten sind prämorbid unter den Probanden diejenigen, welche an einer Involutionsmelancholie erkrankten.

VII. Krankheit

1. Ersterkrankungsalter

SLATER hat 1938 für 3000 *manisch-depressive Probanden* der Jahre 1904 bis 1922 die Anfälligkeitsraten von Männern und Frauen für das manisch-depressive Kranksein errechnet. Er fand bei Frauen eine fast doppelt so große Frequenz wie bei Männern und für beide eine diphasische Kurve; bei Männern mit dem Gipfel im 36. und 54., bei Frauen im 38. und 48. Lebensjahr. Der zweite Gipfel ist höher als der erste.

Als Ersterkrankung unserer Probanden wurde nicht die erste Hospitalisierung, sondern die erste, vom Patienten oder seiner Umgebung als krankhaft erlebte Phase von mindestens vierwöchiger Dauer, verbunden mit Arbeitsunfähigkeit, gewertet. Es wurden z. B. auch reaktive Suicidversuche hinzugezählt.

Wenn man unsere manisch-depressiven Probanden und diejenigen Involutionsmelancholiker, welche an mehr als einer Phase erkrankten, kurvenmäßig aufträgt, so erhält man für Männer und Frauen zusammen ebenfalls eine zweiphasische Kurve. Der erste Gipfel liegt aber, in unserem viel kleineren Material, zwischen 20 und 29 Jahren und der zweite, höhere, zwischen 50 und 59 Jahren (Fig. 1).

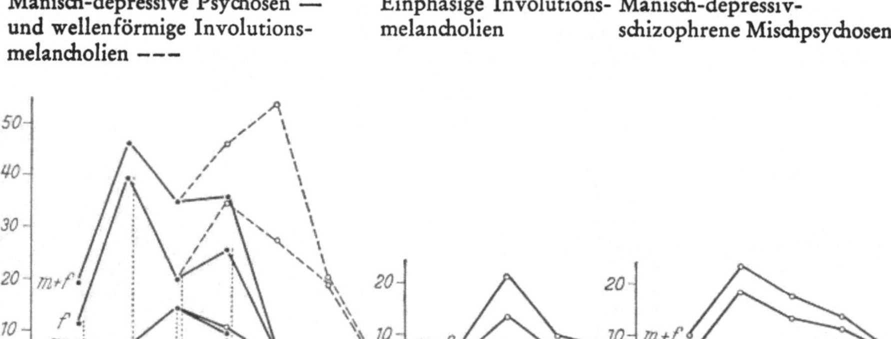

Fig. 1

Im ganzen sind die Unterschiede zu den Ergebnissen von SLATER auf Grund unseres viel geringeren Zahlenmaterials von keiner Bedeutung.

Im Gegensatz zu SLATER spielen in unserem Material die periodischen Depressionen eine überragende Rolle. SLATER hatte nur Probanden ausgewählt, welche mindestens eine sichere manische und eine sichere depressive Phase durchgemacht hatten. Es fragt sich allerdings, ob eine solche Auslese für das manisch-depressive Kranksein mit Sicherheit repräsentativ ist oder ob sie nur für die cyclischen Verläufe Gültigkeit beanspruchen darf.

Die eigenen Ergebnisse sind mit denen von KIELHOLZ (1959), welcher die höchste Zahl der ersten endogen-depressiven Phasen im Alter zwischen 20 und 30 Jahren fand, besser im Einklang. KIELHOLZ erklärt diesen ersten Gipfel, welcher vor allem bei Frauen deutlich ist, mit den endokrinen Krisen: Pubertät, erste Gravidität, Geburt, Lactation und den zweiten Gipfel mit dem Klimakterium.

Es lohnt sich wegen der kleinen Zahlen kaum, das Ersterkrankungsalter der Involutionsmelancholien graphisch darzustellen. Wenn man darunter im engeren Sinne nur Erkrankungen zählt, welche bei der Frau erstmals nach der Menopause und beim Mann nach dem 50. Altersjahr auftraten und nur eine einzige depressive Phase umfassen, so besteht unser Krankengut lediglich aus 18 Männern und 29 Frauen. Die Kurven für beide Geschlechter laufen ungefähr parallel, zeigen ihren Gipfel in der fünften Altersdekade und dann ein stetiges Absinken.

Es muß dahingestellt bleiben, wie viele der sogenannten Involutionsmelancholien bei längerer Verlaufsbeobachtung doch einen wellenförmigen Verlauf zeigen würden. Das vielfach angewandte differentialdiagnostische Kriterium der einmaligen Erkrankung von Involutionsmelancholikern [z. B. LEONHARD (1937), KIELHOLZ (1959), STAEHELIN (1955)] erscheint um so fragwürdiger, als hinlänglich bewiesen ist (POLLOCK, 1931), daß auch manisch-depressive Erkrankungen in bis zur Hälfte der Fälle nur ein einziges Mal auftreten können: In der vorliegenden Arbeit werden darum Involutionserkrankungen, welche ein- oder mehrphasisch sind und manische Phasen vermissen lassen, allgemein den Spätdepressionen zugerechnet, und das Krankengut wird, wo es tunlich erscheint, verlaufsmäßig aufgegliedert.

Da keine scharfen Grenzen (abgesehen von der künstlichen Altersgrenze) zum manisch-depressiven Kranksein zu ziehen sind, wird auch immer mit neuen Kriterien zu prüfen sein, inwieweit nicht doch kontinuierliche Übergänge zwischen Depressionen des manisch-depressiven Krankseins und Involutionsmelancholien bestehen.

Bei den *manisch-depressiv-schizophrenen Mischpsychosen* findet sich nur eine eingipfelige Kurve für das Ersterkrankungsalter, welche ihr Maximum zwischen 20 und 29 Jahren aufweist und dann langsam absinkt.

Das Gros der Fälle erkrankt zwischen 17 und 40 Jahren, womit das Gefährdungsalter weitgehend demjenigen für Schizophrenie gleichkommt. Auch die eingipfelige Kurve deckt sich mit derjenigen für die Schizophrenie. So ist ein Hinweise dafür gewonnen, daß etwaige Beziehungen zwischen manisch-depressiv-schizophrenen Mischpsychosen, die phasisch voll remittierend verlaufen, und der Schizophrenie vorhanden sind.

2. Phasen und Intervalle

Die neueste statistische Arbeit über Phasenzahl, -dauer und Intervalle endogener Depressionen stammt von TASCHEV (1965). Er untersuchte bei 372 Kranken total 1034 Phasen und kam pro Patient auf eine Phasenzahl von 2,77. Die höchste Phasenzahl weisen zirkuläre Depressionen, die niedrigste periodische Depressionen nach dem 50. Altersjahr auf. Nach LUNDQUIST (1953), KRAINES (1957), KINKELIN (1954) und KIELHOLZ (1959) wie auch vieler anderer Untersucher (zitiert bei KIELHOLZ) beträgt die durchschnittliche Dauer melancholischer Phasen 5 bis 14 Monate. TASCHEV liefert eine genaue Analyse und eruiert, daß 61,6% aller Phasen höchstens 3 Monate, 18,95% der Phasen höchstens 6 Monate, 6,46% eine Länge bis zu 9 Monaten und 6,58% eine solche bis zu einem Jahr dauern. TASCHEV widerspricht somit den Feststellungen von LUNDQUIST und KRAINES, daß die Phasendauer meistens 6 bis 18 Monate betrage. Er weist ferner darauf hin, daß männliche Kranke eine Phasendauer von 6,1, weibliche eine solche von 4,6 Monaten zeigen. Ferner ergibt sich eine Beziehung zwischen dem Alter und der Phasendauer insofern, als Späterkrankte eher längere Phasen zeigen. Nach KIELHOLZ nimmt die Phasendauer mit zunehmender Phasenzahl deutlich zu, nach TASCHEV ist es gerade umgekehrt. Letzterer weist noch auf die methodische Problematik hin und betont, daß mit arithmetischen Durchschnittswerten ein falsches Bild gewonnen werden kann, da die Streuung sehr groß ist.

Eine ähnlich hohe Streuung der Werte ergibt sich bei der Berechnung der freien Intervalle. Nach TASCHEVs Ergebnissen scheint die Streuung mit zunehmender Intervallzahl eher etwas abzunehmen. Er findet ferner Beziehungen zum Geschlecht: Die kurzen freien Intervalle sind bei Männern häufiger als bei Frauen. Mit fortschreitender Intervallzahl wird die Intervalldauer kürzer (KRAEPELIN, LANGE, KINKELIN, KIELHOLZ, TASCHEV).

Als Phasen wurden alle mindestens über einige Wochen anhaltenden Stimmungsverschiebungen, welche subjektiv oder objektiv als krankhaft empfunden wurden, registriert. Auf diese Weise konnten total 1068 Phasen ausgewertet werden. Tabelle 26 läßt erkennen, daß die Phasendauer in den verschiedenen diagnostischen Gruppen unterschiedlich ist.

Tabelle 26. Phasendauer

Diagnose	Probanden	Anzahl Phasen	Phasen pro Proband	Phasendauer Monate
MDP				
periodisch-depressiver Verlauf	105	322	3,0	8,8
manisch-depressiver Verlauf . .	46	203	4,4	6,1
Mischpsychosen	73	358	4,9	5,5
Involutionsmelancholien	103	185	1,8	14,1

Die längste Phasendauer zeigen erwartungsgemäß Involutionsmelancholien. Am kürzesten sind manisch-depressiv-schizophrene Phasen und manisch-depressive Phasen, hingegen dauern periodische Depressionen länger. Dies deutet an, daß die Phasendauer bei Kranken mit manischer Disposition am kürzesten ist.

Die Abhängigkeit der Phasendauer von der Phasenzahl scheint auf Grund unseres Materials nicht gesichert (Tabelle 27).

Tabelle 27. Phasendauer und Phasenzahl

Diagnose	Dauer in Monaten Phasen				Mittelwert aller Phasen
	1.	2.	3.	4.	
MDP					
periodisch-depressiver Verlauf	6,0	7,7	18,6	7,8	8,8
manisch-depressiver Verlauf . .	6,7	5,2	7,0	5,8	6,1
Mischpsychosen	7,6	6,0	6,4	5,3	5,5
Involutionsmelancholien	19,8	9,2	5,3	7,7	14,2

Es scheint vielmehr so, als ob bei starker Periodizität sich die Phasendauer nicht wesentlich verlängern würde. Eine Ausnahme bilden die *Involutionsmelancholien*. Hier ist die durchschnittliche Phasendauer 14,1 Monate. Schon die Dauer der ersten Phase liegt über dem Mittel aller anderen endogenen Depressionen. Naturgemäß *nimmt hier die Dauer der Phasen mit wachsender Phasenzahl ab.* Je stärker die Periodizität, um so mehr nähert sich die Verlaufsform derjenigen der manisch-depressiven Psychosen. Es gibt somit eine Gruppe der Involutionsmelancholien, die wie MDP verlaufen, und solche, die in späteren Phasen zu einem mehr chronischen Verlauf neigen.

Eine allgemeine Gesetzmäßigkeit, die für alle endogenen Depressionen gilt, ist die *Abnahme der Intervalldauer mit fortschreitender Periodizität* (Tabelle 28).

Die rascheste Abnahme der Intervalldauer findet sich bei den Mischpsychosen. Diese sind daher auch mit der größten Phasenzahl im individuellen Verlauf gekoppelt. Mischpsychosen nehmen somit den schlechtesten Verlauf, obwohl auch hier die

Phasendauer konstant bleibt. Die längsten Intervalle weisen die periodisch-depressiven Verlaufsformen auf, sie sind jedoch gepaart mit einer hohen durchschnittlichen Phasendauer.

Tabelle 28. *Intervalldauer und Intervallzahl*

Diagnose	Intervalle in Monaten				alle Intervalle	
	1.	2.	3.	4.	Dauer	Anzahl
MDP periodisch-depressiver Verlauf	105,1	60,8	54,0	31,6	63,6	223
manisch-depressiver Verlauf	66,4	32,2	36,2	17,8	34,9	171
Mischpsychosen	93,5	49,8	41,2	17,2	42,1	303
Involutionsmelancholien .	57,1	45,2	22,6	9,8	37,9	128

Interessant ist ferner, daß sich auch die periodisch verlaufenden Involutionsmelancholien dem Gesetz der Intervallverkürzung unterwerfen, ja hier findet man sogar eine besonders kleine Intervalldauer vor. Die Späterkrankung und die lange durchschnittliche Phasendauer ergeben mit den kurzen Intervallen den bekannten prognostisch ungünstigen Verlauf.

Entsprechend der längeren Intervalldauer ist die *Phasenzahl pro Patient* bei periodisch verlaufender Depression geringer als bei cyclischer Verlaufsform. Unter periodisch Depressiven finden wir durchschnittlich bis Beobachtungsabschluß 3 Phasen pro Patient, unter cyclischen Verläufen 4,4 und bei Mischpsychosen 4,9. Mischpsychosen und cyclische Verlaufsform stehen einander im Verlaufe somit sehr nahe, unterscheiden sich jedoch wieder bezüglich des Familienbildes stark, wenngleich sich auch dort unverkennbar eine entfernte Verwandtschaft abzeichnet. Am meisten rückfallgefährdet sind Mischpsychotiker und Manisch-Depressive mit zirkulärer Verlaufsform.

Man könnte vielleicht einwenden, unsere Gruppe der Involutionsmelancholiker sei heterogen und setzte sich aus Manisch-Depressiven, die nach dem 50. Altersjahr erkrankten, und eigentlichen Involutionsmelancholikern zusammen. Die Differentialdiagnose dürfte jedoch im Einzelfall unmöglich sein. Würde man annehmen, unter die Involutionsmelancholien seien Kranke einzureihen, welche an einer einmaligen depressiven Erkrankung nach dem 50. Altersjahr leiden, so wird man gezwungen sein, bezüglich der Krankheitsdauer ein gewisses Minimum anzunehmen, da sonst katamnestisch der größte Teil der Kranken sich als periodisch-depressiv oder manisch-depressiv herausstellen wird. Unter den 103 Spätdepressionen, die erst nach dem 50. Altersjahr auftraten, finden sich im ganzen 15, welche das erste Mal an einer Depression erkrankt waren, die zwei Jahre oder länger dauerte. Der weitere Verlauf zeigt, daß von diesen 15 Kranken vier noch weitere (1 bis 12) Phasen durchgemacht hatten und somit doch dem MDP zuzurechnen wären. Umgekehrt zeigt sich ein langgezogener Phasenverlauf oft auch erst anläßlich der zweiten, dritten oder vierten Erkrankung, ja, ein Kranker hatte als zehnte Phase eine über drei Jahre dauernde Depression, der ein halbes Jahr später wieder eine sechsmonatige Depression folgte. Es ist aus diesen Darlegungen zu ersehen, daß verlaufsmäßig die Involutionsdepressionen nicht von langgezogenen depressiven Phasen des MDK unterschieden werden können. Es fällt damit eines der wichtigsten Kriterien zur Differentialdiagnose dahin.

Angesichts dessen, daß die Phasenzahl nach unseren Befunden (übereinstimmend mit LUNDQUIST, 1945) keinen Einfluß auf die Phasendauer hat, mag es erlaubt sein, unabhängig von der Phasenzahl einfach die Dauer der letzten von uns persönlich untersuchten Phase in Abhängigkeit vom Alter der Probanden zu berechnen

(Tabelle 29). Die Resultate zeigen (im wesentlichen übereinstimmend mit ASTRUP et al., 1959), *daß erst nach dem 60. Altersjahr eine deutliche Verlängerung der Phasendauer durch das Alter zustandekommt.* LUNDQUIST fand eine besonders gesicherte Verlängerung der Phasen schon bei Probanden nach dem 30. Altersjahr; er ging jedoch von Ersterkrankungen aus. Unser Befund deckt sich mit dem Fehlen einer Phasenverlängerung mit wachsender Phasenzahl. Würde die Phasendauer mit steigender Zahl zunehmen, müßte sich dies ja auch in einer Altersabhängigkeit widerspiegeln. Nach unseren Ergebnissen ist aber weder das eine noch das andere der Fall. Diese Feststellungen stehen im Widerspruch zu vielen anderen Autoren. Wir haben die Altersabhängigkeit der Phasendauer an einer diagnostisch homogenen Gruppe, an periodisch Depressiven untersucht, da wir, wie LUNDQUIST, finden, daß manisch-depressive Verläufe eine bessere Phasenprognose (Verkürzung) zeigen.

Tabelle 29. *Phasendauer und Alter*
(Periodische Depressionen)

Alter	Probanden	Mittel der Phasendauer in Monaten
20—29	18	8,3
30—39	26	10,8
40—49	30	7,8
50—59	17	10,8
60—69	12	26,0
70—79	2	8,4

Unter den 50—59jährigen wurde ein Fall mit einer Phasendauer von 38 Jahren weggelassen, da er die Ergebnisse verfälscht hatte. Die Resultate der 70—79jährigen sind wegen der kleinen Zahl nicht verwertbar.

Die *syndromale Unterscheidung von agitierten und gehemmten periodischen Depressionen* ist ohne Bedeutung für die Phasenprognose. Wenn wir uns auf 20- bis 59jährige Kranke beschränken, finden wir unter 62 gehemmten Kranken eine Phasendauer von 9,4 und bei 27 agitierten eine solche von 9,2 Monaten. Unser Befund deckt sich mit dem von LUNDQUIST (1945) für gehemmte Depressionen gefundenen.

Möglicherweise besteht ein Zusammenhang zwischen *Intelligenz und Phasendauer.* Untersucht wurden diesbezüglich 105 periodisch-depressive Probanden (Tabelle 30). Es scheint möglich, daß die Phasendauer bei überdurchschnittlicher Intelligenz etwas niedriger liegt als bei durchschnittlicher Intelligenz. Unerwartet jedoch

Tabelle 30. *Phasendauer und Intelligenz*

Intelligenz	Anzahl Phasen	Phasendauer
überdurchschnittlich .	55	5,5
durchschnittlich . . .	151	8,8
unterdurchschnittlich	35	4,3
debil	11	5,2

ist, daß auch unterdurchschnittliche Intelligenz mit kurzer Phasendauer verknüpft sein kann. Es könnte dabei auch eine mangelnde Selbstbeobachtung der Kranken und ihrer Umgebung diesem Phänomen zugrunde liegen. Undifferenzierte fallen später sozial auf und beobachten sich weniger. Es scheint somit nur *wahrscheinlich, daß eine überdurchschnittliche Intelligenz die Prognose der Phasendauer* verbessert.

Besonderer Beachtung bedarf die Frage des Einflusses der *Intelligenz auf die Intervalldauer* (Tabelle 31).

In unserem, allerdings sehr kleinen, Material von überdurchschnittlich intelligenten periodisch Depressiven finden wir eine *kürzere Intervalldauer* als im Rest des Untersuchungsgutes. *Die kürzere Phasendauer der Intelligenten paart sich somit leider mit einer kurzen Intervalldauer*, was zwar die Streckenprognose bessert, die Richtungsprognose (MÜLLER, 1949) aber den durchschnittlich Intelligenten angleicht.

Tabelle 31. *Intervalldauer und Intelligenz*

Intelligenz	Intervalle	Dauer
überdurchschnittlich .	9	64,1
durchschnittlich . . .	41	112,9
unterdurchschnittlich	8	} 108,8
debil	3	

3. Ätiologische Bedeutung phasenauslösender Momente

Die Bedeutung exogener Mitursachen für das manisch-depressive Kranksein und die Involutionsmelancholien ist derart problematisch, daß kaum gründliche Untersuchungen existieren, die an dieser Frage vorbei gegangen wären. Die Literatur ist deshalb praktisch unübersehbar. Einen Überblick geben die Arbeiten von BELLAK (1952), KORNHUBER (1955), PETRILOWITSCH (1964) und WEITBRECHT (1964). Abgesehen von Ausnahmen sind sich die Untersucher darüber einig, daß exogene Momente bei der Krankheitsentstehung in wechselndem Maße „auslösend" wirken können. SCHOTT hat schon 1903 auf die Häufigkeit psychotraumatischer Erlebnisse bei Krankheitsbeginn von endogenen Depressionen hingewiesen.

Eine statistische Methode, wie sie unserer vorliegenden Untersuchung dient, vermag niemals dem ganzen Fragenkomplex gerecht zu werden. Statistisch faßbar sind nur gröbere zählbare, in engem zeitlichem Zusammenhang mit der Erkrankung stehende körperliche oder psychische Erschütterungen. Es kann kein Zweifel darüber bestehen, daß damit eine starke Auslese allfälliger psychotraumatischer Faktoren getroffen wird. Unbewußte Konflikte, langdauernde seelische Belastungen und Spannungen, diskretere Beziehungsstörungen bleiben nicht berücksichtigt, obwohl auf Grund der psychoanalytischen Forschungen gerade angenommen werden müßte, daß derartige Faktoren in der Pathogenese endogener Psychosen wichtiger wären als einmalige Traumata. Unsere eigenen Untersuchungen sind wegen der methodisch bedingten Auslese zählbarer psychotraumatischer Faktoren im Aussagewert sehr eingeschränkt und wollen keineswegs den Eindruck erwecken, dem gestellten Problem voll gerecht zu werden.

Die traumatischen Erschütterungen können in drei Gruppen geordnet werden: vorwiegend psychische Erschütterungen, körperliche Erschütterungen (Erkrankungen und Unfälle) und — eine Mittelstellung einnehmend — die Generationsvorgänge der Frau (Menarche, Gravidität, Geburten, Puerperium, Lactation, Klimakterium). Wegen der Bedeutung, die vor allem den Generationsvorgängen zukommt, wurde vielfach versucht, z. B. die affektiven Wochenbettpsychosen oder die klimakterischen Psychosen als Sondergruppen zu isolieren.

So einig sich die meisten Autoren über die Bedeutung exogener Momente sind, so verschieden ist das Gewicht, welches ihnen zugeschrieben wird. EWALT u. Mitarb. (1957) glauben an ein Überwiegen der psychischen Mitursachen; andere, z. B. WYRSCH (1939), finden gerade in der Kerngruppe Manisch-Depressiver weniger krankheitsauslösende exogene Momente und betonen deren Häufung im Randgebiet der manisch-depressiven Psychosen.

Die Bedeutung psychischer auslösender Erschütterungen wird hervorgehoben von SCHOTT (1903), LIPSCHITZ (1905), DREYFUS (1907), ZIEHEN (1911), REHM (1910), BUMKE (1909), ALBRECHT (1906), RÜDIN (1911), JOLLY (1913), MAPOTHER (1926), LANGE (1926/28), ROSANOFF u. Mitarb. (1935), BONNER (1931), M. BLEULER (1943), BELLAK (1952), STENSTEDT (1952), WEITBRECHT (1952, 1964), ARNOLD (1955), KIELHOLZ (1959), W. K. MÜLLER (1959), ARIETI (1959), PETRILOWITSCH (1961, 1964), WRETMARK (1959), SETHI (1964).

Zu den körperlichen „auslösenden" Momenten äußerten sich u. a. LANGE (1928, 1939), STENSTEDT (1952), KORNHUBER (1955) und VISLIE (1956). Ein Überwiegen der somatischen „auslösenden" Faktoren gegenüber den psychischen fanden GILIAROVSKI (1954) und KORNHUBER (1955).

Besonderer Erwähnung bedarf die vielfach geäußerte Beobachtung, Involutionsmelancholien seien besonders häufig reaktiv „ausgelöst" im Vergleich zu manisch-depressiven Psychosen: GAUPP (1905), ALBRECHT (1906), SEELERT (1909), HOCH und McCURDY (1922), HENDERSON und GILLEPSIE (1933), PALMER und SHERMAN (1938), WYRSCH (1939), BUMKE (1948), KALLMANN (1950), KIELHOLZ (1959), HOPKINSON (1963). Aber auch hier sind die Meinungen geteilt. HÜBNER (1907) stimmt nicht damit überein. PAULEIKHOFF (1959) weist auf den pathoplastischen Einfluß des Alters hin. REHM (1919) findet vor allem bei Jugendlichen und Kranken höheren Alters eine erhöhte Bedeutung von exogenen krankheitsauslösenden Momenten. Auf die Tatsache, daß letztere bei Frauen eine erheblich größere Rolle spielen als bei Männern, haben schon REHM (1910) und LANGE (1926) hingewiesen. Manche Autoren [KINKELIN (1954), MAYER-GROSS u. Mitarb. (1954), KORNHUBER (1955)] stimmen auch dahin überein, daß am häufigsten die erste Krankheitsphase ausgelöst erscheint.

STENSTEDT (1952) hebt besonders hervor, wie schwierig es ist, wissenschaftlich die Bedeutung exogener Momente zu beweisen. Statistischen Untersuchungen haftet etwas Fragwürdiges an, weil die Kriterien der „auslösenden Faktoren" unscharf sind. Sie wechseln von Autor zu Autor, hängen von der Gründlichkeit der Untersuchung,

Tabelle 32. *Phasenauslösende somatische Krisen oder Erkrankungen*

Somatische Veränderungen	Manisch-Depressive		Involutions-melancholien		Mischpsychosen		Total	
	m	f	m	f	m	f	m	f
Menarche		1						1
Geburten		13		—		4		17
Menopause . . .		2		16		2		20
Erkrankungen* .		15	5	6	3	4	8	25
Anzahl Probanden	40	111	27	76	15	58	82	245
Prozent Auslösungen . . .							10%	26%

* Die körperlichen Erkrankungen betreffen: a) Erkrankungen (Grippe 6, Tbc 1, Malaria 1, Herzinfarkt 1, Abort 1); b) Verletzungen (Commotio cerebri 1, Contusio cerebri 1); c) Operationen (Otosklerose 1, Struma 3, Gallenblase 2, Thorakoplastik 1, Mamma-Ca 1, Hysterektomie 2, Ovarektomie 1, Prostataektomie 1).

der Zuverlässigkeit der Probanden und Auskunftspersonen und dem Kausalitätsbedürfnis der Kranken und ihrer Umgebung ab. Häufig wird Ursache und Wirkung durch die Kranken selbst vertauscht. Außerdem ist es recht schwierig — worauf

MAYER-GROSS, SLATER und ROTH hingewiesen haben — die erste Krankheitsphase überhaupt zu interpretieren. Oft wird sie ja als reaktive Depression diagnostiziert und erst aus dem späteren Verlauf rückblickend als Beginn der manisch-depressiven Psychose angenommen.

Die „phasenauslösenden" exogenen Momente werden im folgenden in psychische und körperlich gegliedert. In Tabelle 32 sind die „phasenauslösenden" somatischen Krisen oder Erkrankungen getrennt nach Geschlecht und nosologischer Diagnose der Probanden aufgeführt.

16 von 76 Involutionsmelancholien begannen anschließend an die Menopause, 13 von 111 manisch-depressiven Erkankungen wurden erstmals durch eine Geburt ausgelöst. Bei der wichtigen Rolle, welche diesen endokrinen Umstellungen zukommt, muß natürlich berücksichtigt werden, daß sie auch wesentliche psychische Erschütterungen und Haltungsänderungen normalerweise mit sich bringen, so daß diese auslösenden Momente weder klar zu den somatischen noch zu psychischen gerechnet werden können.

In allen drei Krankheitsgruppen (MDK, Involutionsmelancholien, Mischpsychosen) finden sich ungefähr gleich viele körperliche Erkrankungen, die phasenauslösend waren (bei Männern wie bei Frauen in 10%). Unter den Generationsphasen spielen selbstverständlich die Geburten bei manisch-depressiven Erkrankungen und die Menopause unter den Involutionsmelancholien eine ausschlaggebende Rolle.

Unter den 331 Probanden fiel die Ersterkrankung total in 86 Fällen, d. h. in $25{,}9 \pm 2{,}4\%$ zeitlich mit erschütternden Erlebnissen oder Konflikten zusammen. Hervorstechend sind unter den Frauen der Tod eines Angehörigen, bei beiden Geschlechtern erotische Konflikte und Wohnsitzwechsel (Tabelle 33).

Tabelle 33. *Phasenauslösende psychische Erschütterungen und Konflikte korreliert zum Erst-erkrankungsalter und Geschlecht bei allen 331 Probanden*

Erst-erkran-kungs-alter	N	Tod eines Ange-hörigen		Erotische Konflikte		Familiäre Konflikte		Ehe-scheidung, Trennung etc.		Wohnsitz-wechsel		Beruf-liche Konflikte		ande-res *		Total	
		m	f	m	f	m	f	m	f	m	f	m	f	m	f	m	f
10—19	30				1						1		1			—	3
20—29	72		4	1	5		2	3	1		2		1			4	15
30—39	53		1	3	1	1	1			1		1			1	6	4
40—49	69	2	3		5		2		2			1			1	3	13
50—59	64		7	2	1		1			1	4		1		7	3	21
60—69	30		4							1	2					1	6
70—79	12		1			1	2			1		1	1			3	4
80—89	1															—	—
10—49	224	2	8	4	12	1	5	3	3	1	3	2	2	—	2	13	35
50—89	107	—	12	2	1	1	3	—	—	3	6	1	2	—	7	7	31
10—89	331	2	20	6	13	2	8	3	3	4	9	3	4	—	9	20	66

* Ausbruch einer Psychose bei einem Familienangehörigen: 3, Delinquenz: 2, Landverkauf: 2, Entlastung: 1, Erbteilung: 1, Immobilisierung durch Unfall oder Krankheit: 2.

Die *Vielfalt der exogenen Schädigungen, die krankheitsauslösend sein können, zeigt deren Unspezifität.* Die zunehmende *Häufung im Alter* ist möglicherweise mit der mangelnden Plastizität und Anpassungsfähigkeit der alten Menschen verknüpft. Vielleicht spielen aber auch Anlagemomente eine Rolle: *Je früher die Erkrankung beginnt, um so unabhängiger ist dieselbe von exogenen Momenten; je später die*

Krankheit ausbricht, um so geringer ist die Häufung von endogenen Psychosen in der Verwandtschaft und eine um so größere Bedeutung erlangen die Umweltfaktoren. Gemeinhin wird angenommen, daß die Altersveränderungen für die wachsende Bedeutung exogener Einflüsse verantwortlich seien und daß der Alterungsprozeß vor allem ungefähr vom 50. Altersjahr an deutlich werde. Wie später dargelegt werden wird, zeigen aber nicht nur die Involutionsmelancholien eine relativ geringe hereditäre Belastung, sondern auch manisch-depressive Erkrankungen, welche zwischen 40 und 49 Jahren beginnen. Reziprok zur Abnahme der Belastung wächst die Bedeutung exogener Faktoren auch bereits mit 40 Jahren. Es ist somit eher wahrscheinlich, daß weniger nur Altersveränderungen als vielmehr das *Wechselspiel von Anlage und Umwelt* für die ungleiche Verteilung der hereditären Belastung und der exogenen Faktoren verantwortlich ist.

Bezüglich des *Geschlechtes* zeigen sich deutliche Unterschiede, wenn man alle auslösenden Faktoren zusammennimmt: *Frauen erkranken signifikant häufiger (127 von 249) als Männer (26 von 82) nach exogen auslösenden Schädigungen.* Die Signifikanz des Unterschiedes liegt auf dem 1%-Niveau ($\chi^2 = 9{,}712$, $n = 1$, $p < 0{,}01$). Der Unterschied kommt durch die Bedeutung der *endokrinen Krisen* für die Frau zustande. Frauen berichten, nach HAMILTON u. Mitarb. (1962), im allgemeinen auch häufiger auf eine emotionell gestörte Kindheit. Unterschiedlich verteilen sich auf die beiden Geschlechter gewisse auslösende Momente: Frauen erkranken etwas häufiger nach akuten Familienkonflikten als Männer. Umgekehrt sind bei Männern berufliche Schwierigkeiten häufiger krankheitsauslösend (z. B. Stellenwechsel). Hingegen verteilen sich andere Traumata, z. B. Verlust eines Angehörigen, Wohnsitzwechsel, körperliche Erkrankung, erotische Konflikte, ungefähr symmetrisch auf beide Geschlechter.

Tabelle 34. *Exogene Auslösung der Ersterkrankung von endogen Depressiven in Beziehung zum Ersterkrankungsalter (N = 254)*

Erst-erkran-kungs-alter	Probanden			Psychische Erschütterungen		Somatische Erkran-kungen		Endokrine Krisen *		Total	Prozent
	m + f	m	f	N	%	N	%	N	%		
10—19	20	8	12	2		3		—(+ 1)		5	
20—29	48	7	41	17		2		9		28	
30—39	35	15	20	7 (+ 1)		6		1		14	
40—49	54	13	41	13		5		8 (+ 2)		26	
50—59	57	14	43	22		6		9 (+ 2)		37	
60—69	28	5	23	7		4		—		11	
70—79	12	5	7	6		—		—		6	
10—49	157		114	39	24,8 ± 3,35	16	10,2	21	18,4	73	46,5 ± 3,97
50—79	97		73	35	36,1 ± 4,87	10	10,3	11	15,1	54	55,7 ± 4,98
10—79	254		187	74	29,1 ± 2,85	26	10,2	32	17,6	127	50,0 ± 3,13

* Menarche, Menopause, Geburten.
Werte in Klammern: Probanden, die bereits unter einem anderen Störmerkmal mitgezählt wurden.

Tabelle 34 gibt einen Überblick über die Häufigkeitsverteilung psychischer Erschütterungen, somatischer Erkrankungen und endokriner Krisen in Abhängigkeit vom *Ersterkrankungsalter. Im gesamten nehmen die krankheitsauslösenden Momente bei der Ersterkrankung mit steigendem Alter zu.* Stellt man Ersterkrankungen von über 50 Jahren der jüngeren Gruppe gegenüber, so findet sich ein statistisch signifikanter Unterschied von 55,7% gegenüber 46,5% ($\chi^2 = 4{,}150$, $n = 1$, $p < 0{,}05$).

Wenn wir unsere 33 Probanden ohne Rücksicht auf die gestellte Diagnose daraufhin untersuchen, ob sich exogene Momente auf die verschiedenen *Krankheitsphasen* gleichmäßig verteilen, so ergibt sich, daß die erste Phase etwas häufiger als exogen diagnostiziert wird, daß aber gegenüber der zweiten und dritten Krankheitsphase nur ein geringfügiger Unterschied, der nicht signifikant ist, besteht. Erst beginnend mit der letzten Gruppe, Probanden, die zum vierten Male oder noch häufiger erkrankt sind, findet sich eine signifikante Abnahme der Bedeutung von auslösenden Faktoren. Dies läßt sich sowohl statistisch nachweisen ($\chi^2 = 9,526$, $N = 1$, $P < 0,01$) als auch aus dem individuellen Verlauf bei vielen Kranken deutlich sehen.

Tabelle 35. *Häufigkeit der exogen auslösenden Momente in bezug zur Phasenzahl*

	Probanden	Phase exogen ausgelöst	Prozent
1. Phase	110	66	$60 \pm 4,67$
2. Phase	85	44	$52 \pm 5,40$
3. Phase	33	18	$55 \pm 8,70$
4. oder noch öftere Phase	103	39	$38 \pm 4,77$

In Tabelle 35 sind die Probanden, unabhängig von der diagnostischen Zuordnung, nach der Phasenzahl gruppiert, anläßlich welcher sie in der Untersuchungszeit 1959 bis 1963 in unsere Klinik eingetreten waren. Sie wurden in dieser Zeit nach ziemlich einheitlichen Gesichtspunkten untersucht. Ein Vergleich scheint daher möglich. Wir finden dabei eine Häufigkeit der exogen auslösenden Momente von 60% in der ersten, von 52% in der zweiten, von 55% in der dritten und von 26% in der Gruppe der vierten oder noch öfteren Phase.

Es macht den Anschein, daß in den ersten drei Phasen mit sich verkürzenden Intervallen die exogenen Auslösungen für den Zeitpunkt der Erkrankung sehr wichtig sind, daß sich dann aber für die späteren Phasen eine — meist individuelle — Periodizität mit oft voraussagbarer Dauer der Intervalle ausbildet. Ist einmal die beschriebene, ziemlich regelhafte Periodizität eingetreten, so bedarf es höchstens noch Belastungen durch Alltagserlebnisse, um die Wiedererkrankung in Gang zu bringen.

Die Untersuchung von Ersterkrankungsalter, Phasen- und Intervalldauer und „phasenauslösenden" Momenten ergibt *zusammengefaßt* folgendes:

1. Das manisch-depressive Kranksein zeigt bezüglich des Ersterkrankungsalters eine zweigipflige Kurve mit Maxima zwischen dem 20. bis 29. und 50. bis 59. Altersjahr; der zweite Gipfel ist der höhere. Im Gegensatz dazu ist die Kurve bei manisch-depressiv-schizophrenen Mischpsychosen eingipflig wie bei der Schizophrenie.

2. Die Phasendauer ist bei zusammengesetzter schizophren-manisch-depressiver und manisch-depressiver Verlaufsform am kürzesten, bei rein depressiven Verläufen und vor allem bei Involutionsmelancholien länger. Das gleiche gilt für die Intervalle. Reziprok verhält sich die Phasenzahl pro Patient: Manisch und schizophren gefärbte phasische Psychosen rezidivieren am häufigsten, einfache Depressionen seltener und Involutionsmelancholien am seltensten. Die Phasendauer nimmt mit steigender Phasenzahl oder mit steigendem Alter nicht zu; eine Ausnahme machen Kranke über dem 60. Altersjahr. Überdurchschnittliche Intelligenz scheint mit kürzerer Phasen- und Intervalldauer korreliert.

3. „Phasenauslösende" Momente somatischer Art finden sich in 10%, psychischer Art in 29% der Probanden. Die psychischen Erschütterungen sind unspezifischer Natur, spielen — wie auch die endokrinen Krisen (17%) — bei der Frau eine viel größere Rolle als beim Mann und nehmen als krankheitsauslösende Momente im Alter an Bedeutung zu. Je früher die Krankheit ausbricht, um so stärker ist die hereditäre Belastung und um so seltener sind „krankheitsauslösende" Momente faßbar. Die ersten 3 Krankheitsphasen scheinen ungefähr gleich häufig im Zusammenhang mit „auslösenden" Momenten zu stehen, spätere Phasen werden oft schon durch Alltagsereignisse „in Gang gebracht".

VIII. Verwandtschaft

1. Einleitung

Die Untersuchungsmethodik ist bereits in einem früheren Kapitel ausführlich dargestellt. Mit hinreichender Sicherheit konnten leider nur Verwandte ersten Grades (Eltern, Geschwister, Halbgeschwister, Kinder) erfaßt werden. Es wurden dabei nur

Tabelle 36. *Die Eltern der zirkulär erkrankten Probanden*

Alter	lebend oder tot	An-zahl	Beobachtete Fälle unter den Eltern									
			Schizophrenie	Manisch-depressive Psychosen	Misch-psychosen	Depressive Reaktionen	Suicide	Epilepsie	Senile und arteriosklerotische Demenz	Oligophrenie	Psychopathie	Alkoholismus
Väter												
30—39	leb.	—										
	tot	1										1
40—49	leb.	—										
	tot	5		1			1					
50—59	leb.	—										
	tot	6		1								3
60—69	leb.	3										1
	tot	7									1	
70—79	leb.	4										1
	tot	8							2			1
80—89	leb.	2										
	tot	8							1			
	total	44		2			1		3		1	7
Mütter												
30—39	leb.	—										
	tot	3		1								
40—49	leb.	—										
	tot	1			1							
50—59	leb.	1										
	tot	4				1						
60—69	leb.	4			1					1		
	tot	17	1	5		1					1	
70—79	leb.	3							1			
	tot	5		1		1						
80—89	leb.	1										
	tot	7		1						1		
	total	46	1	8	2	3	—	—	1	2	1	—

gröbere Abweichungen registriert: Schizophrenie, Mischpsychosen, endogene Depressionen und Manien, Epilepsie, senile und arteriosklerotische Demenz, Oligophrenie, Psychopathie und Alkoholismus. Die diagnostischen Kriterien sind dabei von E. und M. BLEULER (ausführlich dargestellt im Lehrbuch) übernommen. Von einer Trunksucht oder einem Alkoholimus wird z. B. erst dann gesprochen, wenn konkrete Angaben über ein soziales Versagen zufolge des Alkoholmißbrauches vorlagen oder wenn der Kranke z. B. wöchentlich mindestens einmal betrunken war und täglich dem Alkohol zugesprochen hatte.

Tabelle 37. *Die Eltern der nur depressiv erkrankten manisch-depressiven Probanden*

Alter	lebend oder tot	Anzahl	Beobachtete Fälle unter den Eltern									
			Schizophrenie	Manisch-depressive Psychosen	Misch-psychosen	Depressive Reaktionen	Suicide	Epilepsie	Senile und arteriosklerotische Demenz	Oligophrenie	Psychopathie	Alkoholismus
						*Väter*						
30—39	leb.	—										
	tot	5		1		1						
40—49	leb.	—										
	tot	7									2	2
50—59	leb.	8									2	2
	tot	12		1		1	1					5
60—69	leb.	8			1			1	1		1	4
	tot	19			2	3	1				2	6
70—79	leb.	9										
	tot	21				4			2	1	2	4
80—89	leb.	8	1								2	2
	tot	4										1
90—99	leb.	—										
	tot	1										
	total	102	1	2	3	9	2	1	3	1	11	26
						*Mütter*						
20—29	leb.	—										
	tot	4					1					
30—39	leb.	—										
	tot	3		1								
40—49	leb.	2								1		
	tot	7	1			1						2
50—59	leb.	10		2	1					1		
	tot	7		1			1		1			
60—69	leb.	16		2		2				1		
	tot	13		1		1			1			
70—79	leb.	14		2		2			1			
	tot	13		2	1							
80—89	leb.	4		1							1	
	tot	10		1					2			
90—99	leb.	1										
	tot	1										
	total	105	1	13	2	6	2	—	5	3	1	2

Eine weitere Gruppe von Sekundärfällen umfaßt depressive Erkrankungen und Charaktere im weiteren Sinne: Manisch-depressives Kranksein, Mischpsychosen, aber auch Suicide unsicherer oder reaktiver Genese und depressive Reaktionen. Suicide,

welchen nicht mit Sicherheit eine Psychose zugrunde lag, sind in der Statistik gesondert aufgeführt. Waren sie die Folge einer Psychose, so wurde im allgemeinen nur
letztere gezählt. Unter die depressiven Reaktionen fügen sich einfache Depressionen,
Erlebnisreaktionen (z. B. nach Liebesenttäuschungen) oder auch einfache depressive

Tabelle 38. *Die Eltern der Probanden mit Involutionsmelancholien*

Alter	lebend oder tot	Anzahl	Beobachtete Fälle der Eltern									
			Schizophrenie	Manisch-depressive Psychosen	Mischpsychosen	Depressive Reaktionen	Suicide	Epilepsie	Senile und arteriosklerotische Demenz	Oligophrenie	Psychopathie	Alkoholismus
Väter												
20—29	leb.	—										
	tot	1										
30—39	leb.	—										
	tot	5					1					1
40—49	leb.	—										
	tot	4			1							
50—59	leb.	—										
	tot	14							1	2	2	3
60—69	leb.	—										
	tot	17			1	1	1		1			4
70—79	leb.	2									1	
	tot	31							1		3	10
80—89	leb.	1							1			
	tot	19				2		1			1	2
90—99	leb.	—										
	tot	2				2						
	total	96	—	—	2	5	2	1	4	2	7	20
Mütter												
20—29	leb.	—										
	tot	—										
30—39	leb.	—										
	tot	12		1								
40—49	leb.	—										
	tot	6		1								
50—59	leb.	—										
	tot	11		1								
60—69	leb.	—										
	tot	21			1	3		1			1	
70—79	leb.	2										
	tot	27				4						
80—89	leb.	2										
	tot	17										
90—99	leb.	1										
	tot	3							1			
	total	102		3	1	7		1	1	—	1	—

Entwicklungen und neurotische Depressionen ein. Es handelt sich bei dieser Gruppe
wohl um einen Sammeltopf verschiedener Erkrankungen. Die differentialdiagnostischen Schwierigkeiten und der Umfang der Untersuchung hätte es aber nicht erlaubt,
die Differenzierung in die einzelnen Unterformen durchzuführen. Die Zusammen-

fassung in eine einheitliche Gruppe von depressiven Reaktionen scheint daher zuverlässiger. Derartige Erkrankungen — wie auch die Suicide — werden bei den Erörterungen über das Morbiditätsrisiko für Psychosen mitberücksichtigt, weil die Annahme wohl berechtigt ist, daß bei vielen Suiciden unbekannter Genese, wie auch bei depressiven Reaktionen, eine vererbte Disposition mitspielen könnte, und weil es unmöglich ist, scharfe Grenzen zwischen depressiven Psychosen und Reaktionen zu ziehen.

Tabelle 39. *Eltern der Probanden mit manisch-depressiv-schizophrenen Mischpsychosen*

Alter	lebend oder tot	Anzahl	Beobachtete Fälle der Eltern									
			Schizophrenie	Manisch-depressive Psychosen	Misch-psychosen	Depressive Reaktionen	Suicide	Epilepsie	Senile und arteriosklerotische Demenz	Oligophrenie	Psychopathie	Alkoholismus
Väter												
30—39	leb.	1										
	tot	—										
40—49	leb.	—										
	tot	7					1				1	1
50—59	leb.	3										2
	tot	8	1						1			4
60—69	leb.	8									2	2
	tot	13		1								2
70—79	leb.	4							1		2	
	tot	16	1						1		1	4
80—89	leb.	2							1			
	tot	8		2					1	1	1	1
	total	70	2	3	—	—	1	—	5	1	7	16
Mütter												
20—29	leb.	—										
	tot	1	1									
30—39	leb.	—										
	tot	6				1					1	
40—49	leb.	3									1	
	tot	4	1			2			1			
50—59	leb.	4		1						1		
	tot	8					2					
60—69	leb.	6			1							
	tot	9			1	1						
70—79	leb.	5	1						1		1	
	tot	11		1	1							2
80—89	leb.	7				2						
	tot	8			1				1			
90—99	leb.	1		1								
	tot	—										
	total	73	3	3	4	6	2	—	3	1	3	2

Bei den Verwandten ersten Grades konnten nur das Alter und die Diagnose mit hinreichender Verläßlichkeit registriert werden. Eine Zusammenfassung des Materials geben, bei nosologischer Gruppierung der Probanden, getrennt nach Alter, Geschlecht und Diagnose der Sekundärfälle, die Tabellen 36—47.

Tabelle 40. *Die Geschwister der zirkulär erkrankten Probanden*

Alter	lebend oder tot	An-zahl	Schizophrenie	Manisch-depressive Psychosen	Misch-psychosen	Depressive Reaktionen	Suicide	Epilepsie	Senile und arteriosklerotische Demenz	Oligophrenie	Psychopathie	Alkoholismus
					Beobachtete Fälle unter den Geschwistern							
					Brüder							
0— 9	leb.	—										
	tot	10										
10—19	leb.	2										
	tot	—										
20—29	leb.	1								1		
	tot	4		1			1					
30—39	leb.	10		1								
	tot	2		1			1					
40—49	leb.	9		1								
	tot	7		1							1	
50—59	leb.	17	1	2								
	tot	3										
60—69	leb.	9				1				1		2
	tot	2		1					1			
70—79	leb.	6				1						
	tot	3	1	2								
80—89	leb.	1				1					1	1
	tot	1										
	total	87	2	10	—	3	2	—	1	2	2	3
					Schwestern							
0— 9	leb.	—										
	tot	5										
10—19	leb.	1										
	tot	3										
20—29	leb.	3										
	tot	3		2			1					
30—39	leb.	6			1	1						
	tot	—										
40—49	leb.	8		1								
	tot	2	1				1					
50—59	leb.	19	1			1						
	tot	3		1		2						
60—69	leb.	12				1						
	tot	1										
70—79	leb.	3										
	tot	3			1					1		
	total	72	2	4	2	5	2	—	—	1	—	—

Tabelle 41. *Die Geschwister der nur depressiv erkrankten manisch-depressiven Probanden*

Brüder

Alter	lebend oder tot	An-zahl	Schizophrenie	Manisch-depressive Psychosen	Misch-psychosen	Depressive Reaktionen	Suicide	Epilepsie	Senile und arteriosklerotische Demenz	Oligophrenie	Psychopathie	Alkoholismus
0— 9	leb.	—										
	tot	19										
10—19	leb.	4										
	tot	3										
20—29	leb.	18									1	
	tot	6	1				1			1		
30—39	leb.	34								2		1
	tot	3		1			1					
40—49	leb.	40				6				1	2	2
	tot	4										
50—59	leb.	37		1		4				1		
	tot	6					1					1
60—69	leb.	25	1								1	1
	tot	3										
70—79	leb.	6		1								1
	tot	4										
80—89	leb.	2				1						
	tot	—										
	total	214	2	3	—	11	3	—	—	5	4	6

Tabelle 41 (Fortsetzung)

Schwestern

Alter	lebend oder tot	Anzahl	Schizophrenie	Manisch-depressive Psychosen	Misch-psychosen	Depressive Reaktionen	Suicide	Epilepsie	Senile und arteriosklerotische Demenz	Oligophrenie	Psychopathie	Alkoholismus
0— 9	leb.	—										
	tot	8										
10—19	leb.	12										
	tot	4										
20—29	leb.	10				3						
	tot	1										
30—39	leb.	32	1	1		2				2		
	tot	5		2		1					1	
40—49	leb.	40	1	4		3				1	1	
	tot	3		1		1	1					
50—59	leb.	32	1	3						1		
	tot	2		1								
60—69	leb.	17		1		1		1		1		
	tot	—										
70—79	leb.	4										
	tot	4		1								
80—89	leb.	1										
	tot	1										
	total	176	3	14	—	11	1	1	—	5	2	—

Tabelle 42. *Die Geschwister der Probanden mit Involutionsmelancholien*

Brüder

Alter	lebend oder tot	Anzahl	Schizophrenie	Manisch-depressive Psychosen	Misch-psychosen	Depressive Reaktionen	Suicide	Epilepsie	Senile und arteriosklerotische Demenz	Oligophrenie	Psychopathie	Alkoholismus
0— 9	tot	18										
10—19	leb.	—										
	tot	6										
20—29	leb.	—										
	tot	15					2					
30—39	leb.	1										1
	tot	2									1	1
40—49	leb.	18				1					1	
	tot	7										
50—59	leb.	40		1		2			1		1	2
	tot	13		1								1
60—69	leb.	56		1						1		2
	tot	23				1			2			1
70—79	leb.	27						1				2
	tot	4										
80—89	leb.	1										
	tot	1										
	total	232	—	3	—	4	2	1	3	1	3	10

Schwestern

Alter	lebend oder tot	Anzahl	Schizophrenie	Manisch-depressive Psychosen	Misch-psychosen	Depressive Reaktionen	Suicide	Epilepsie	Senile und arteriosklerotische Demenz	Oligophrenie	Psychopathie	Alkoholismus
0— 9	tot	19										
10—19	leb.	—										
	tot	5										
20—29	leb.	—										
	tot	9										
30—39	leb.	4									1	
	tot	2										
40—49	leb.	11	1			2						
	tot	6		1		1						
50—59	leb.	42	1	1	1						1	
	tot	9				1				1		
60—69	leb.	51		2		1				1		
	tot	8		1								
70—79	leb.	38		2					1	2	1	
	tot	7										
80—89	leb.	3							1			
	tot	—										
	total	214	2	7	1	5	—	—	2	4	3	—

Tabelle 43. *Geschwister der Probanden mit manisch-depressiv-schizophrenen Mischpsychosen*

Alter	lebend oder tot	An-zahl	Beboachtete Fälle der Geschwister									
			Schizophrenie	Manisch-depressive Psychosen	Misch-psychosen	Depressive Reaktionen	Suicide	Epilepsie	Senile und arteriosklerotische Demenz	Oligophrenie	Psychopathie	Alkoholismus
			Brüder									
0— 9	leb.	—										
	tot	7										
10—19	leb.	3								2		
	tot	1										
20—29	leb.	9				1						
	tot	5					1					
30—39	leb.	14								1		
	tot	7	2			1	1					
40—49	leb.	35									2	
	tot	2										
50—59	leb.	45	1	2	1					2		3
	tot	3	1		1							
60—69	leb.	29	2		2	2					2	1
	tot	5					1			1		1
70—79	leb.	2										
	tot	—										
80—89	leb.	—										
	tot	—										
	total	167	6	2	4	4	3	—	—	6	4	5
			Schwestern									
0— 9	leb.	—										
	tot	8										
10—19	leb.	2										
	tot	2	1									
20—29	leb.	8	1									
	tot	0										
30—39	leb.	18			1	1				1		1
	tot	3										
40—49	leb.	22	2									
	tot	3										
50—59	leb.	51	6	2						1	2	
	tot	6			3	1						
60—69	leb.	22	1		1						1	
	tot	5							1		1	
70—79	leb.	5		1								
	tot	2,5										
	total	157,5	11	3	5	2	—	—	1	2	4	1

Tabelle 44. *Die Kinder der zirkulär erkrankten Probanden*

Alter	lebend oder tot	An-zahl	Schizophrenie	Manisch-depressive Psychosen	Misch-psychosen	Depressive Reaktionen	Suicide	Epilepsie	Senile und arteriosklerotische Demenz	Oligophrenie	Psychopathie	Alkoholismus
			Söhne									
0— 9	leb.	8										
	tot	—										
10—19	leb.	5										
	tot	—										
20—29	leb.	7										
	tot	1					1					
30—39	leb.	3										
	tot	—										
40—49	leb.	2										
	tot	—										
	total	26					1					

Tabelle 44 (Fortsetzung)

Alter	lebend oder tot	An-zahl	Schizophrenie	Manisch-depressive Psychosen	Misch-psychosen	Depressive Reaktionen	Suicide	Epilepsie	Senile und arteriosklerotische Demenz	Oligophrenie	Psychopathie	Alkoholismus
						Beobachtete Fälle unter den Kindern						
						Töchter						
0— 9	leb.	4										
	tot	—										
10—19	leb.	5										
	tot	—										
20—29	leb.	5										
	tot	—										
30—39	leb.	1										
	tot	—										
	total	15										

Tabelle 45. *Die Kinder der nur depressiv erkrankten manisch-depressiven Probanden*

Söhne

Alter	lebend oder tot	An-zahl	Schizophrenie	Manisch-depressive Psychosen	Misch-psychosen	Depressive Reaktionen	Suicide	Epilepsie	Senile und arteriosklerotische Demenz	Oligophrenie	Psychopathie	Alkoholismus
0— 9	leb.	20										
	tot	2										
10—19	leb.	21								1		
	tot	—										
20—29	leb.	17								1	1	
	tot	1										
30—39	leb.	5								1	1	
	tot	1										
40—49	leb.	2										
	tot	—										
50—59	leb.	—										
	tot	—										
	total	69								3	2	

Töchter

Alter	lebend oder tot	An-zahl	Schizophrenie	Manisch-depressive Psychosen	Misch-psychosen	Depressive Reaktionen	Suicide	Epilepsie	Senile und arteriosklerotische Demenz	Oligophrenie	Psychopathie	Alkoholismus
0— 9	leb.	19										
	tot	1										
10—19	leb.	22									1	
	tot	—										
20—29	leb.	9										
	tot	—										
30—39	leb.	9			1							
	tot	1										
40—49	leb.	2										
	tot	—										
50—59	leb.	1										
	tot	—										
	total	64			1						1	

Tabelle 46. *Die Kinder der Probanden mit Involutionsmelancholien*

Söhne

Alter	lebend oder tot	An-zahl	Schizophrenie	Manisch-depressive Psychosen	Misch-psychosen	Depressive Reaktionen	Suicide	Epilepsie	Senile und arteriosklerotische Demenz	Oligophrenie	Psychopathie	Alkoholismus
0— 9	leb.	1										
	tot	3										
10—19	leb.	11										
	tot	1										
20—29	leb.	15								1	3	
	tot	2										
30—39	leb.	22								1	2	1
	tot	2										
40—49	leb.	17	1	1	1	1					1	
	tot	—										
50—59	leb.	4										
	tot	—								1		
60—69	leb.	1										
	tot	—										
	total	79	1	1	1	1	—	—	—	3	6	1

Tabelle 46 (Fortsetzung)

Alter	lebend oder tot	An-zahl	Beobachtete Fälle unter den Kindern									
			Schizophrenie	Manisch-depressive Psychosen	Misch-psychosen	Depressive Reaktionen	Suicide	Epilepsie	Senile und arteriosklerotische Demenz	Oligophrenie	Psychopathie	Alkoholismus
						*Töchter*						
0— 9	leb.	—										
	tot	—										
10—19	leb.	7										
	tot	3										
20—29	leb.	18			1							
	tot	2										
30—39	leb.	26	1							1		
	tot	—										
40—49	leb.	15										
	tot	—										
50—59	leb.	2	1									
	tot	1										
total		74	2	—	1	—	—	—	—	1	—	—

Tabelle 47. *Die Kinder der Probanden mit Mischpsychosen*

Alter	lebend oder tot	An-zahl	Beobachtete Fälle unter den Kindern									
			Schizophrenie	Manisch-depressive Psychosen	Misch-psychosen	Depressive Reaktionen	Suicide	Epilepsie	Senile und arteriosklerotische Demenz	Oligophrenie	Psychopathie	Alkoholismus
						*Söhne*						
0— 9	leb.	15										
	tot	—										
10—19	leb.	10										
	tot	—										
20—29	leb.	12	1			1					1	2
	tot	—										
30—39	leb.	12	1	1		1						
	tot	—										
40—49	leb.	4		1		1					1	
total		53	2	2	—	3	—	—	—	—	2	2
						*Töchter*						
0— 9	leb.	9										
	tot	1										
10—19	leb.	11										
	tot	—										
20—29	leb.	13				1						
	tot	—										
30—39	leb.	4	3									
	tot	—										
40—49	leb.	3										
total		41	3	—	—	1	—	—	—	—	—	—

2. Morbiditätsrisiko der Eltern, Geschwister und Kinder der Probanden bezüglich Schizophrenie, Epilepsie, senil-arteriosklerotischer Demenz, Oligophrenie, Psychopathie und Alkoholismus

STENSTEDTs methodisch vergleichbare Untersuchungen über das manisch-depressive Kranksein (1952) und die Involutionsmelancholien (1959) ergaben, daß sich unter Eltern, Geschwistern und Kindern der Probanden kein erhöhtes Morbiditätsrisiko für Schizophrenie, Psychogene Psychosen, Oligophrenien, Psychopathie, Alkoholismus und Epilepsie im Vergleich zur Durchschnittsbevölkerung nachweisen läßt. Die eigenen Befunde decken sich damit vollständig.

Die Tabellen 48—50 geben die genauen Zahlen wieder. Unter den Eltern von manisch-depressiven Probanden lassen sich bei einer Bezugsziffer von 278 nur zwei *Schizophrenien* $(0,7 \pm 0,48^0/_0)$ nachweisen; unter den Geschwistern, bei einer Bezugsziffer von 357 neun Fälle von Schizophrenie $(2,5 \pm 0,83^0/_0)$, etwas mehr. Bei Involutionsmelancholien kommen unter Eltern und Geschwistern der Probanden kaum Schizophrenien vor. Wie STENSTEDT finden auch wir etwas mehr Schizophrenien unter den Geschwistern als unter den Eltern der Probanden; hingegen ist der Unterschied nicht signifikant; die Zahlen weichen auch nicht vom Morbiditätsrisiko der Durchschnittsbevölkerung ab, wenn man die Fehlergrenzen berücksichtigt. Eine Sonderstellung nimmt das Morbiditätsrisiko für Schizophrenie unter den Verwandten der manisch-depressiv-schizophren erkrankten Probanden ein. Darauf soll später eingegangen werden.

Tabelle 48. *Morbiditätsrisiko der Eltern der Probanden mit manisch-depressiven Psychosen, Involutionsmelancholien und Mischpsychosen*

Diagnose unter den Eltern	Bezugsziffer (Bz.) nach WEINBERG in Jahren	Manisch-Depressive Psychosen				Involutions-Melancholien		Mischpsychosen (manisch-depressiv-schizophren)		Bz. total	Fälle	Morbiditätsrisiko
		Verlauf										
		zirkulär		depressiv								
		Bz.	Fälle	Bz.	Fälle	Bz.	Fälle	Bz.	Fälle			%
Schizophrenie	17—50	85	1	193	2	184	—	132	5	594	8	$1,35 \pm 0,45$
Epilepsie	10—30	91	—	205	1	197,5	2	142,5	—	636	3	$0,47 \pm 0,27$
Senile und arteriosklerotische Demenz	über 50	81	4	179	8	170	5	121	8	551	25	$4,54 \pm 0,89$
Oligophrenie	über 10	91	2	207	4	198	2	143	2	639	10	$1,56 + 0,49$
Psychopathie	über 10	91	2	207	12	198	7	143	10	639	31	$4,85 \pm 0,85$
Alkoholismus Männer	17—40	43,5	7	99,5	26	93	20	69,5	16	305,5	69	$22,6 \pm 2,39$
Frauen	17—40	44,5	—	101,5	2	96	—	69,5	2	311,5	4	$1,3 \pm 0,64$

Unter den drei Gruppen: MDP, Involutionsmelancholien und Mischpsychosen finden wir überall ungefähr gleich viele andere psychische Erkrankungen.

An *Epilepsie* litten $0,18^0/_0$ der Geschwister und $0,47^0/_0$ der Eltern. Eine *senile oder arteriosklerotische Demenz* fand sich unter den Geschwistern in $9,6^0/_0$ und unter den Eltern in $4,5^0/_0$. Die Häufigkeit der *Oligophrenie* beträgt unter den Geschwistern und Kindern $2,1^0/_0$, unter den Eltern $1,5^0/_0$. Die Werte entsprechen denjenigen von STENSTEDT, BANSE (1929), STRÖMGREN (1938) und SLATER (1938). Eine *Psychopathie* findet sich bei Geschwistern in 1,8%, bei Eltern in 4,8% und bei Kindern in 3,2% der Fälle, also bei allen Blutsverwandten ersten Grades ungefähr gleich häufig.

Tabelle 49. *Morbiditätsrisiko der Geschwister der Probanden mit manisch-depressiven Psychosen, Involutionsmelancholien und Mischpsychosen*

Diagnose unter den Geschwistern	Bezugsziffer (Bz.) nach WEINBERG in Jahren	Manisch-depressive Psychosen				Involutions-Melancholien		Mischpsychosen (manisch-depressiv-schizophren)		Bezugsziffer	Fälle	Morbiditätsrisiko
		Verlauf										
		zirkulär		depressiv								
		Bz.	Fälle	Bz.	Fälle	Bz.	Fälle	Bz.	Fälle	total		%
Schizophrenie	17 — 50	113,5	4	243,75	5	361,75	2	240,25	17	959,25	28	2,9 ± 0,55
Epilepsie	10 — 30	136,25	—	304,5	1	391,25	1	295	—	1127	2	0,18 ± 0,12
Senile und arteriosklerotische Demenz	über 50	84	1	144,5	—	323,5	5	176	1	728	7	9,6 ± 1,09
Oligophrenie	über 10	145	3	363	10	409	5	310	8	1227	26	2,1 ± 0,41
Psychopathie	über 10	145	2	363	6	409	6	310	8	1227	22	1,8 ± 0,38
Alkoholismus												
Männer	17 — 40	67,75	3	158,75	6	199,75	10	139,5	5	565,75	24	4,2 ± 0,85
Frauen	17 — 40	58,5	—	128,5	—	182,25	—	132,5	1	491,75	1	0,2 ± 0,20

Große Abweichungen in der Häufigkeit zwischen Eltern, Geschwistern und Kindern zeigten sich im Morbiditätsrisiko für *Alkoholismus*. Väter sind zu 22,7%, Brüder und Söhne aber nur zu 4,2% beziehungsweise 2,8% Alkoholiker. Unter den Müttern sind 1,3% und unter den Schwestern 0,2% alkoholsüchtig.

Im allgemeinen werden mehr depressive Frauen als Männer hospitalisiert. Dazu finden wir — wie später dargelegt werden wird — unter den weiblichen Verwandten der Probanden beider Geschlechter mehr Depressive als unter männlichen Verwandten.

Tabelle 50. *Morbiditätsrisiko der Kinder der Probanden mit manisch-depressiven Psychosen, Involutionsmelancholien und Mischpsychosen*

Diagnose unter den Kindern	Bezugs-ziffer (Bz.) nach WEIN-BERG in Jahren	Manisch-depressive Psychosen				Involutions-Melancho-lien		Misch-psychosen (manisch-depressiv-schizophren)		Bz.	Fälle	Morbiditäts-risiko
		Verlauf										
		zirkulär		depressiv								
		Bz.	Fälle	Bz.	Fälle	Bz.	Fälle	Bz.	Fälle	total		%
Schizophrenie	17—50	11,5	—	31,5	—	73	3	31	5	147	8	5,45 ± 1,87
Epilepsie	10—30	17,5	—	55	—	119,5	—	47	—	239	—	—
Senile und arteriosklerotische Demenz	über 50	—	—	1	—	8	—	—	—	9	—	—
Oligophrenie	über 10	29	—	91	3	149	4	69	—	338	7	2,1 ± 0,78
Psychopathie	über 10	29	—	91	3	149	6	69	2	338	11	3,2 ± 0,93
Alkoholismus Männer	17—40	8,5	—	34	—	47	1	17,5	2	107	3	2,8 ± 1,6
Frauen	17—40	4	—	17,5	—	42	—	14,5	—	78	—	—

Umgekehrt verteilt sich der Alkoholismus: Unter Frauen kommt er fast nicht vor; unter Männern, vor allem unter Vätern, ist er stark gehäuft. Einer Untersuchung des Morbiditätsrisikos für Alkoholismus unter Verwandten von Depressiven kommt deshalb besondere Bedeutung zu, weil LANGE vermutet hatte, daß sich unter der Diagnose Alkoholismus in größerer Zahl larvierte Depressionen versteckten, die dann das Überwiegen von depressiven Psychosen bei Frauen als Scheinbefund erklären würden. Die Befunde von ARNOLD würden diese Hypothese unterstützen, fand er doch unter der Verwandtschaft Depressiver oft depressive Alkoholiker.

Folgt man diesen Hypothesen, so wäre zu fordern, daß nicht nur unter Vätern, sondern auch unter Brüdern und Söhnen Depressiver genügend Alkoholiker vorkämen, um die Häufigkeitsdifferenz depressiver Erkrankungen zwischen weiblichen und männlichen Verwandten auszugleichen. Außerdem müßte gefunden werden, daß bei verschieden hohem Morbiditätsrisiko, z. B. im Vergleich von MDP und Involutionsmelancholien unter den Verwandten von Involutionsmelancholikern, sich weniger Alkoholiker finden als unter Verwandten von Manisch-Depressiven. Außerdem könnten vermutlich unter den Angehörigen Depressiver deutlich mehr Alkoholiker zu finden sein als z. B. unter den Angehörigen von Neurotikern.

Die Hypothese von LANGE soll im folgenden in unserem Material auf Grund des Vergleichs des Morbiditätsrisikos für Alkoholismus unter den Verwandten von manisch-depressiven, involutionsmelancholischen und mischpsychotischen Probanden geprüft werden. Im weiteren sollen die eigenen Zahlen mit denjenigen von ERNST für Neurotiker und jenen von M. BLEULER und ÅMARK für Alkoholiker verglichen werden.

a) Wir finden unter Eltern oder Geschwistern beim Vergleich von Manisch-Depressiven, Involutionsmelancholikern und Mischpsychotikern in allen drei Gruppen eine gleichstarke Häufung von Alkoholismus. Im Gegensatz dazu kommen aber z. B.

in der Verwandtschaft von Involutionsmelancholikern signifikant weniger affektive
Psychosen vor.

b) Die Väter sind in allen drei Diagnosegruppen im Durchschnitt zu 22,7 ± 1,53%
unter Annahme eines Gefährdungsalters von 17—40 Jahren alkoholkrank. Das entsprechende Morbiditätsrisiko für Brüder beträgt 4,2 ± 0,85%.

K. ERNST (1965) hat mit der gleichen Methodik und den gleichen Kriterien nach
dem Alkoholismus unter den Verwandten von Neurotikern geforscht. Seine Ergebnisse sind um so mehr vergleichbar, als sie ein Krankengut aus dem gleichen geographischen Bezirk und aus der gleichen Zeit wie unsere Beobachtungen betreffen.
ERNST findet unter den Geschwistern seiner Probandinnen 2,5% Alkoholiker und
unter den Vätern 34 ± 5,2%. Die Befunde von ERNST stimmen demnach weitgehend
mit unseren eigenen überein. Sie zeigen ein vielfach höheres Vorkommen von Alkoholismus unter Vätern als unter Brüdern. Auf alle Fälle ist unter den Vätern von
Neurotikern der Alkoholismus noch häufiger als unter den Vätern von Endogen-
Depressiven jeglicher Ätiologie; dabei wäre auf Grund der Langeschen Hypothese
vielleicht eher das umgekehrte zu erwarten.

Ein Vergleich mit dem Morbiditätsrisiko in der Verwandtschaft von Alkoholikern
ist in erster Linie durch die Arbeiten von M. BLEULER und ÅMARK möglich. BLEULER
fand ebenfalls 34% trunksüchtige Väter, hingegen nur 6,3% trunksüchtige Geschwister. Unsere Häufigkeitsziffer von 4,2% liegt somit zwischen derjenigen von ERNST
bezüglich Neurosen und BLEULER bezüglich Alkoholismus. ÅMARK kommt in seiner
vorbildlichen Studie von alkoholischen Probanden — ähnlich wie FREMMING (1947) —
auf ein Morbiditätsrisiko der Väter von 26,3 ± 3,3% und der Brüder von 21 ± 2,6%.
Dabei war keine Häufung endogener Psychosen vorhanden!

Unser Vergleich mit den Ergebnissen alkoholkranker neurotischer Probanden beweist somit, daß die Frequenz alkoholkranker Väter ungefähr derjenigen endogener
Depressiver entspricht, und daß auch (abgesehen von den Befunden ÅMARKs) das
Zahlenverhältnis der Belastung von Vätern und Brüdern in allen Vergleichsgruppen
ungefähr die gleiche Proportion aufweist. Dies spricht sehr dafür, daß sich die Belastung der Verwandtschaft endogen depressiver Probanden nicht faßbar von derjenigen anderer psychisch kranker Probanden unterscheidet.

Am allerwenigsten wird die These eines durch larvierte Depressionen erhöhten
Morbiditätsrisikos für Alkoholismus unter Verwandten Depressiver durch die Ergebnisse von STENSTEDT (1952) gestützt, der unter Eltern Manisch-Depressiver in
5,4% und unter den Eltern von Involutionsmelancholikern in 4,9% einen Alkoholismus gefunden hatte. Der Befund korrespondiert mit dem Ergebnis von SLATER
(1938) mit 5,6%. STENSTEDT kam zum Schluß, daß in seinem Material Alkoholiker
gegenüber der Durchschnittsbevölkerung nicht signifikant vermehrt sind. Auch für
unsere Zahlen ist dies anzunehmen.

*Wir finden somit im ganzen keine Anhaltspunkte für ein ins Gewicht fallen-
des Vorkommen von Alkoholikern, die als versteckte Depressive angesehen werden
müßten.*

Ein Alkoholismus des Vaters ist unter männlichen und weiblichen Probanden
genau gleich häufig, und zwar in 22 ± 2,3%. Fragt man nach der *Partnerwahl* von
Trinkers-Töchtern, so ergibt sich folgendes: Von 250 Probandinnen waren Ende 1963
161 (60%) verheiratet. Von diesen verheirateten Frauen hatten 34 (22 ± 1,1%) einen
alkoholkranken Vater. Bei den ledig gebliebenen Frauen war in 18 ± 1,2% der Vater

ein Trinker. *Trinkers-Töchter* waren somit gleich häufig verheiratet. Sie heirateten gehäuft alkoholkranke Männer: Zehn von 34 Trinkers-Töchtern (29 ± 2,2%) hatten einen trunksüchtigen Ehemann. Demgegenüber hatten Frauen mit nicht-trunksüchtigen Vätern nur in 21 von 107 Fällen (18 ± 1,1%) einen Alkoholiker geheiratet. Die Differenz der beiden Vergleichsgruppen beträgt 4,6mal die Standardabweichung und ist somit hoch signifikant.

Zusammenfassung: In der Verwandtschaft aller Probanden sind Epilepsien, Oligophrenien, Alkoholismus und Psychopathien gegenüber der Durchschnittsbevölkerung nicht vermehrt. Arteriosklerotische und senile Demenz kommen möglicherweise gehäuft vor.

IX. Affektive Erkrankungen in der Verwandtschaft von manisch-depressiven Probanden

1. Morbiditätsrisiko für manisch-depressive Erkrankungen

Eigentlich systematische und genetische Untersuchungen über das manisch-depressive Kranksein gibt es erst, seitdem manische und depressive Psychosen unter einem einheitlichen Krankheitsbegriff zusammengefaßt worden sind und geeignete statistische Methoden zur Verfügung stehen.

Im Altertum hatte schon ARETAIOS VON KAPPADOKIEN die Einheitlichkeit von Manie und Melancholie auf Grund sorgfältiger klinischer Beobachtungen beschrieben.

Die Subsummierung von manischen und depressiven Erkrankungen unter eine nosologische Einheit fand später erstmals wieder durch die Franzosen J. P. FALRET (1851) und M. BAILLARGER (1854) statt. Die beiden Autoren schufen die Begriffe der Folie Circulaire und Folie à Double Forme. Früheren Psychiatern war der Wechsel von manischen und melancholischen Symptomen nicht entgangen [z. B. ESQUIROL (1838)], sie hatten aber am Vorhandensein zweier verschiedener Krankheiten festgehalten. Die französische Entdeckung der Folie Circulaire wurde erstmals von MEYER (1874) ins deutsche Sprachgebiet aufgenommen und später von E. KRAEPELIN in ihrer vollen Bedeutung erkannt.

Familienuntersuchungen über endogene Depressionen gibt es seit hundert Jahren. Ausführliche Beschreibungen stammen von JUNG (1864), SIOLI (1885), SAVAGE (1897), FITSCHEN (1900), VORSTER (1901), KALMUS (1901), LIPSCHITZ (1906), BERGAMASCO (1908). Größere Untersuchungsreihen folgten *ohne Berechnung der korrigierten Häufigkeit* durch VOGT (1910), KINKELIN (1954), ARNOLD (1955), LEONHARD (1957), MITSUDA (1957), KIELHOLZ (1959), WOODRUFF u. Mitarb. (1964).

Umfassende *Untersuchungen unter Berücksichtigung des Gefährdungsalters* nach WEINBERG (1920), STRÖMGREN (1935) und SLATER (1938) folgten: HOFFMANN (1921), RÜDIN (1923), BANSE (1929), LUXENBURGER (1927), RÖLL und ENTRES (1936), WEINBERG und LOBSTEIN (1936), STRÖMGREN (1938), SCHAEDLER (1938), SLATER (1938), MAJER (1941). Seit dem letzten Krieg folgten nur noch spärlich umfassende Arbeiten: KALLMANN (1950), SCHULZ (1951), STENSTEDT (1952), KALLMANN (1953, 1954, 1958, 1959), ASANO (1960) und HOPKINSON (1964).

Ausgehend von manisch-depressiven Probanden kamen alle Untersucher zur übereinstimmenden Feststellung, daß *Geschwister* zwischen 9,12% (RÖLL und ENTRES, 1936) und 22,7% (KALLMANN, 1940) an affektiven Psychosen erkrankten. Das Morbiditätsrisiko für die Eltern liegt zwischen 7,35% (STENSTEDT, 1952) und 25,5% (HOPKINSON, 1964). Die Standardabweichungen der Prozente sind dabei so groß, daß signifikante Unterschiede zwischen den verschiedenen Autoren kaum vorhanden sind. Demgegenüber wurde das Morbiditätsrisiko der Durchschnittsbevölkerung durch SLATER (1938) auf 0,35 ± 0,11%, durch STRÖMGREN (1938) auf 0,36 ± 0,04% und durch KALLMANN (1959) auf 0,4% berechnet bzw. geschätzt. Es braucht somit keinerlei Beweise mehr für ein erhöhtes Morbiditätsrisiko von Geschwistern und Eltern Manisch-Depressiver.

Eine erhöhte Erkrankungswahrscheinlichkeit findet sich auch unter *Kindern* (RÖLL und ENTRES, 1936; SLATER, 1938; WEINBERG und LOBSTEIN, 1936; HOFFMANN, 1921; LUXENBURGER, 1942; STENSTEDT, 1952) unter Neffen und Nichten, unter Enkeln und unter Vettern und Basen (BANSE, 1929). Da für die Eheberatung das Morbiditätsrisiko manisch-depressiver Nachkommen von großer praktischer Bedeutung ist, seien die bisherigen Untersuchungsergebnisse tabellarisch zusammengestellt (Tabelle 51).

Tabelle 51. *Morbiditätsrisiko der Nachkommen manisch-depressiver Probanden nach Angaben in der Literatur (Berechnung nach* WEINBERG) *nach* E. ZERBIN-RUDIN

Verwandtschaftsgrad	Untersucher	Morbiditätsrisiko		Bezugsziffer
		sichere Fälle %	sichere und unsichere Fälle %	
Kinder	WEINBERG UND LOBSTEIN 1936	6,3	8,4	94,5
	RÖLL und ENTRES 1936	9,7	10,9	82,5
	HOFFMANN 1921	13,8	21,2	
	SLATER 1938	12,8	15,0	204
	(Methode STRÖMGREN-SLATER)	22,2	26,4	
	LUXENBURGER 1942	24,1		
	STENSTEDT 1952	6,04	9,4	149
	(Methode STRÖMGREN-SLATER)	10,98	17,07	
Enkel	SCHÄDLER 1928	1,9		
	SCHMIDT und KEHL 1939	3,3		
Neffen und Nichten	WEINBERG und LOBSTEIN 1936	1,3		
	RÖLL und ENTRES 1936	2,3	3,6	

Es erkranken somit unter den Kindern 10—24% ebenfalls an manisch-depressiven Psychosen, unter entfernteren Nachkommen ist jedoch das Gefährdungsrisiko deutlich niedriger. Gestützt auf die oben zitierten Untersuchungen gibt z. B. M. BLEULER (1960) für die Kinder manisch-depressiver Probanden ein Morbiditätsrisiko von 15% an.

Die Kinder von manisch-depressiven Elternpaaren sind noch bedeutend höher gefährdet. Nach SCHULZ (1940) beträgt hier das Morbiditätsrisiko 20 bis 40% (seine Untersuchung ging von 38 Elternpaaren aus); nach ELSÄSSER (1952) läßt sich ein Morbiditätsrisiko von 34,5% errechnen.

Aus unserem Material sind leider keinerlei Schlüsse auf das Morbiditätsrisiko der Kinder manisch-depressiver Probanden möglich, da die Bezugsziffern wegen des geringen Alters der Nachkommen nicht groß genug sind, um eine Auswertung statistisch sinnvoll zu machen. Die eigene Untersuchung kann bezüglich der Erkrankungswahrscheinlichkeit von Geschwistern und Eltern die Befunde früherer Autoren nur be-

Tabelle 52. *Morbiditätsrisiko für manisch-depressive Erkrankungen unter den Geschwistern von manisch-depressiven Probanden*

Diagnose der Sekundärfälle	Bezugsziffern berechnet nach	Männer			Frauen			Total		
		Bezugsziffer	Sekundärfälle MDP	Morbiditätsrisiko %	Bezugsziffer	Sekundärfälle MDP	Morbiditätsrisiko %	Bezugsziffer	Sekundärfälle MDP	Morbiditätsrisiko %
A. 46 Probanden mit zirkulärem Krankheitsverlauf										
sichere	WEINBERG 17—60	50	5		42,2	3		92,2	8	8,7±2,93
	STRÖMGREN-SLATER	44,3	5		39,2	3		83,6	8	9,6±3,22
sichere und unsichere	WEINBERG 17—60	50	10	(22)	42,2	4	(10)	92,2	14	15,2±3,74
	STRÖMGREN-SLATER	44,3	10		39,2	4		83,6	14	16,7±4,09
B. 105 Probanden mit rein depressivem Krankheitsverlauf										
sichere	WEINBERG 17—60	114,75	2		90,25	12		205	14	6,8±1,76
	STRÖMGREN-SLATER	92,6	2		79,3	12		171,9	14	8,1±2,07
sichere und unsichere	WEINBERG 17—60	114,75	3	2,6±1,48	90,25	14	15,6±3,51*	205	17	8,3±1,93
	STRÖMGREN-SLATER	92,6	3	3,2±1,84	79,3	14	17,6±4,27	171,9	17	9,9±2,28
A. und B. 151 manisch-depressive Probanden										
sichere und unsichere	WEINBERG 17—60	164,75	13	7,9±2,10	132,5	18	13,6±2,98**	297,2	31	10,4±1,78
	STRÖMGREN-SLATER	136,9	13	9,5±2,50	118,5	18	15,2±3,29	255,4	31	12,1±2,05

stätigen. Tabelle 52 gibt, gegliedert nach sicheren und unsicheren Diagnosen, für *Geschwister ein Morbiditätsrisiko von 10,4 ± 1,78%* (Bezugsziffer = Bz. nach WEINBERG 17—60 Jahre = 297) und *12,2 ± 2,05%* (Bz. nach STRÖMGREN-SLATER = 255). *Für Eltern* findet sich ein *Morbiditätsrisiko von 9,8 ± 1,87%* (Bz. nach WEINBERG 17—60 Jahre = 254) und *10,2 ± 1,93%* (Bz. nach STRÖMGREN-SLATER = 246) (Tabelle 53). Das Morbiditätsrisiko für Eltern und Geschwister ist somit gleich hoch. Unsere Resultate liegen sehr nahe an denjenigen von STENSTEDT (1952).

2. Morbiditätsrisiko für endogene Psychosen, depressive Reaktionen und Suicide

In einem folgenden Kapitel (XIII) werden die manisch-depressiven Probanden, nach vielen Gesichtspunkten gegliedert, auf das Morbiditätsrisiko von Geschwistern und Eltern geprüft. Die Untersuchung homogener Untergruppen ist von LANGE (1939) eindrücklich gefordert worden. Im besonderen sind dabei Unterschiede bezüglich der Verlaufsform (depressiv, manisch-depressiv) des Geschlechts und der Symptomatik von hohem Interesse.

Es muß dazu jetzt schon vorausgeschickt werden, daß *das Morbiditätsrisiko der weiblichen Verwandten von rein depressiven Probanden bedeutend höher erscheint als dasjenige der männlichen Verwandten.* Weil dieser Unterschied z. B. durch die höhere Suicidrate bei Männern oder durch gehäuftere mildere Depressionserscheinungen bei Männern nicht erklärbar ist, werden in den Tabellen 54 und 55 alle affektiven Erkrankungen der Verwandten, getrennt nach deren Geschlecht, aufgeführt.

Unter den *Eltern manisch-depressiver Probanden* finden wir (bei einer Bezugsziffer nach WEINBERG 17—50 Jahre von 278) 0,9 ± 0,58% Schizophrene. Erhöht ist das Morbiditätsrisiko für manisch-depressiv-schizophrene Erkrankungen mit 2,5 ± 0,88%. Im weiteren kommen Suicide unter den verstorbenen Eltern bei einer Bezugsziffer von 199 in 2,5 ± 1,23% vor. Gehäuft sind unter den Eltern „depressive Reaktionen", unter welchen reaktive Depressionen und depressive Charakterentwicklung subsummiert sind. Wir finden sie in 7 ± 2,7% auf beide Geschlechter gleich verteilt. Auch die Suicide sind bei Vätern mit 3 gegenüber Müttern mit 2 nicht vermehrt. *Hingegen besteht ein gewaltiger Unterschied bezüglich des Morbiditätsrisikos für manisch-depressive Erkrankungen unter Vätern und Müttern rein depressiver Probanden, der folglich nicht durch die umgekehrte Verteilung anderer leichterer depressiver Erkrankungen* (Reaktionen) *ausgeglichen ist.*

Ähnlich liegen die Verhältnisse bei den *Geschwistern manisch-depressiver Probanden:* Neu ist hier ein leicht erhöhtes Morbiditätsrisiko für Schizophrenie mit 2,5 ± 0,83%; hingegen sind die Mischpsychosen mit 0,5% selten. Suicide finden sich unter den verstorbenen Geschwistern gegenüber den Eltern viel häufiger in 9 ± 3%. Depressive Reaktionen im oben beschriebenen Sinne kommen in 10 ± 1,8% vor. Auch hier sind die Suicide unter den Brüdern, wenn man die Bezugsziffern berücksichtigt, nicht häufiger als unter den Schwestern der Probanden. Aber *das Morbiditätsrisiko für manisch-depressive Psychosen ist auch hier unter den weiblichen Verwandten signifikant höher als unter den männlichen.* Die höheren Prozentzahlen für Suicide unter Geschwistern als unter Eltern hängen vielleicht mit der Berechnungsart der Bezugsziffern zusammen, weil als Grundlage einfach die Anzahl der verstorbenen Eltern bzw. die der Geschwister Verwendung fanden.

Tabelle 53. *Morbiditätsrisiko für manisch-depressive Erkrankungen unter den Eltern von manisch-depressiven Probanden*

Diagnose der Sekundärfälle	Bezugsziffern berechnet nach	Männer			Frauen			Total		
		Bezugs-ziffer	Sekundär-fälle MDP	Morbiditäts-risiko %	Bezugs-ziffer	Sekundär-fälle MDP	Morbiditäts-risiko %	Bezugs-ziffer	Sekundär-fälle MDP	Morbiditäts-risiko %
A. 46 Probanden mit zirkulärem Krankheitsverlauf										
sichere	Weinberg 17—60	38	1		41,5	4		79,5	5	6,3±2,73
	Strömgren-Slater	36,9	1		39,7	4		76,6	5	6,5±2,83
sichere und unsichere	Weinberg 17—60	38	2		41,5	8		79,5	10	12,6±3,72
	Strömgren-Slater	36,9	2	(5,4)	39,7	8	(20,2)	76,6	10	13,1±3,85
B. 105 Probanden mit rein depressivem Krankheitsverlauf										
sichere	Weinberg 17—60	86	1		88,5	7		174,5	8	4,6±1,59
	Strömgren-Slater	84,36	1		85,2	7		169,5	8	4,7±1,64
sichere und unsichere	Weingerg 17—60	86	2	(2,3±1,6)	88,5	13	(14,7±3,8)	174,5	15	8,6±2,12
	Strömgren-Slater	84,36	2	(2,4±1,7)*	85,2	13	(15,3±3,9)*	169,5	15	8,8±2,18
A. und B. 151 manisch-depressive Probanden										
sichere und unsichere	Weinberg 17—60	124	4	3,2±1,59	130	21	16,1±3,23	254	25	9,8±1,84
	Strömgren-Slater	121,26	4	3,3±1,62**	124,9	21	16,8±3,34**	246,1	25	10,2±1,93

Tabelle 54. *Morbiditätsrisiko für endogene Psychosen und depressive Erkrankungen unter den Eltern von manisch-depressiven Probanden*

Diagnose unter den Eltern	Bezugsziffer berechnet nach	Männer			Frauen			Total		
		Bezugs-ziffer	Sekundär-fälle MDP	Morbiditäts-risiko %	Bezugs-ziffer	Sekundär-fälle MDP	Morbiditäts-risiko %	Bezugs-ziffer	Sekundär-fälle MDP	Morbiditäts-risiko %
A. Probanden mit zirkulärem Krankheitsverlauf										
Schizophrenie	Weinberg 17—50	41	—		44	1		85	1	1,2±1,12
Misch-psychosen	Weinberg 17—50	41	—		44	2		85	2	2,3±1,64
Manisch-depr. Psychosen	Weinberg 17—60	38	2		41,5	8		79,5	10	12,6±3,72
	Strömgren-Slater	36,9	2		30,7	8		76,6	10	13,1±3,86
Depressive Reaktionen	Weinberg 17—60	38	—		41,5	3		79,5	3	3,8±2,14
Suicide	Gestorbenen über 17	35	1		37	—		72	1	1,4±1,38
B. Probanden mit rein depressivem Krankheitsverlauf										
Schizophrenie	Weinberg 17—50	96	1	1,0 ±1,0	97	1	1,0±1,0	193	2	1,0±0,72
Misch-psychosen	Weinberg 17—50	96	3	3,1 ±1,8	97	2	2,0±1,4	193	5	2,6±1,15
Manisch-depr. Psychosen	Weinberg 17—60	86	2	2,3 ±1,6	88,5	13	14,7±3,8	174,5	15	8,6±2,13
	Weinberg-Slater	84,36	2	2,37±1,66	85,19	13	15,3±3,9	169,55	15	8,8±2,18
Depressive Reaktionen	Weinberg 17—60	86	9	10,4 ±3,3	88,5	6	6,8±2,68	174,5	15	8,6±2,13
Suicide	Gestorbenen über 17	69	2		58	2		127	4	3,1±1,55

Tabelle 55. *Morbiditätsrisiko für endogene Psychosen und depressive Erkrankungen unter den Geschwistern von manisch-depressiven Probanden*

Diagnose unter den Geschwistern	Bezugsziffern berechnet nach	Männer			Frauen			Total		
		Bezugsziffer	Sekundärfälle MDP	Morbiditätsrisiko %	Bezugsziffer	Sekundärfälle MDP	Morbiditätsrisiko %	Bezugsziffer	Sekundärfälle MDP	Morbiditätsrisiko %
				A. Probanden mit zirkulärem Krankheitsverlauf						
Schizophrenie	WEINBERG 17—50	60	2		53,5	2		113,5	4	3,5±1,73
Mischpsychosen	WEINBERG 17—50	60	—		53,5	2		113,5	2	1,5±1,14
Manisch-depr. Psychosen	WEINBERG 17—60	50	10		42,25	4		92,5	14	15,2±3,72
	STRÖMGREN-SLATER	44,3	10		39,2	4		83,6	14	16,7±1,3
Depressive Reaktionen	WEINBERG 17—60	50	3		42,25	5		92,5	8	8,6±2,92
Suicide	Gestorbene über 16	22	2		12,5	2		34,5	4	(11,6±5,45)
				B. Probanden mit rein depressivem Krankheitsverlauf						
Schizophrenie	WEINBERG 17—50	136,5	2	1,5±1,02	107,25	3	2,8±1,59	243,75	5	2,0±0,94
Mischpsychosen	WEINBERG 17—50	136,5	—	—	107,25	—	—	243,75	—	—
Manisch-depr. Psychosen	WEINBERG 17—60	114,75	3	2,6±1,48	90,25	14	15,6±3,51	205	17	8,3±1,93
	STRÖMGREN-SLATER	92,65	3	3,2±1,84	79,29	14	15,6±3,82	171,95	17	9,9±2,28
Depressive Reaktionen	WEINBERG 17—60	114,75	11	9,6±2,75	90,25	11	12,2±3,45	205	22	10,7±2,17
Suicide	Gestorbenen über 16	29,5	3		16	1		45,5	4	9 ±4,2

Zusammenfassung: Manisch-depressive Psychosen sind in der Verwandtschaft unserer manisch-depressiven Probanden gegenüber der Durchschnittsbevölkerung signifikant gehäuft. Schizophrenien finden sich unter den Eltern der Probanden nicht erhöht, hingegen unter den Geschwistern möglicherweise etwas vermehrt.

X. Affektive Erkrankungen in der Verwandtschaft von Involutionsmelancholikern

1. Morbiditätsrisiko für manisch-depressive Erkrankungen

Die nosologische Sonderstellung der Involutionsmelancholien ist nach ihrer Unterscheidung von den manisch-depressiven Psychosen schon durch E. KRAEPELIN selbst angezweifelt worden und hat nach der Arbeit von DREYFUS zu vielen Erörterungen geführt. Heute wird von KALLMANN (1954) noch immer angenommen, die Involutionsmelancholien seien scharf von den manisch-depressiven Psychosen zu trennen und besäßen gewisse Beziehungen zur Schizophrenie. Auch nach LUXENBURGER (1942) und BROCKHAUSEN (1937 und 1939) nehmen die Involutionsdepressionen eine Sonderstellung ein.

Familienuntersuchungen über das *Morbiditätsrisiko der Verwandten von Involutionsdepressiven* stammen von BROCKHAUSEN (1937, 1939), SCHNITZENBERGER (1937), LEONHARD (1937), BISCHOF (1939), MAJER (1941), SCHULZ (1951), STENSTEDT (1959) und HOPKINSON (1964). Den Ergebnissen der meisten Autoren ist gemeinsam, daß die Verwandten von Involutionsmelancholikern gegenüber den Manisch-Depressiven ein erheblich niedrigeres Morbiditätsrisiko besitzen. Die umfassendste genetische Arbeit stammt von STENSTEDT (1959). Er untersuchte die Verwandtschaft von 307 Probanden und fand unter Geschwistern und Eltern ein Morbiditätsrisiko von 6,1 ± 0,63%, was mit den Zahlen früherer Autoren gut übereinstimmt. Aus fast allen Untersuchungen ging auch hervor, daß in der Verwandtschaft von Involutionsdepressiven sich nicht im besonderen Involutionsmelancholien, sondern manisch-depressive Psychosen häufen.

In der vorliegenden Studie konnten 103 Probanden mit Involutionsmelancholien und deren Verwandte untersucht werden. Die diagnostischen Kriterien sind im Abschnitt Diagnostik erwähnt.

Die Geschwister unserer Probanden zeigen für manisch-depressive Erkrankungen ein Morbiditätsrisiko von 3,2 bis 3,3%, die Eltern ein solches von 1,75% und die Kinder eines von 3,5%. *Unter Verwandten von Involutionsmelancholikern sind also erheblich weniger endogene Depressionen und Manien zu finden als unter Verwandten von Manisch-Depressiven.*

Wie Tabelle 56 zeigt, stoßen wir auch hier auf eine höhere Gefährdung der weiblichen als der männlichen Verwandten.

2. Morbiditätsrisiko für endogene Psychosen, depressive Reaktionen und Suicide

Sucht man in der Verwandtschaft von Involutionsmelancholikern nach schizophrenen Mischpsychosen, Suiciden und depressiven Reaktionen, so kommt man nach den Zahlen der Tabelle 57 zu folgenden Schlüssen:

Tabelle 56. *Morbiditätsrisiko für manisch-depressive Erkrankungen unter Eltern, Geschwistern und Kindern von Probanden mit Involutionsmelancholien*

Diagnose der Sekundärfälle	Bezugsziffern berechnet nach	Männer			Frauen			Total		
		Bezugsziffer	Sekundärfälle MDP	Morbiditätsrisiko %	Bezugsziffer	Sekundärfälle MDP	Morbiditätsrisiko %	Bezugsziffer	Sekundärfälle MDP	Morbiditätsrisiko %
A		*A. Eltern der Probanden*								
sicher	WEINBERG 17—60	84	—	—	87,5	2	—	171,5	2	1,1 ± 0,8
	STRÖMGREN-SLATER	86,4	—	—	84,6	2	—	171	2	1,1 ± 0,8
sichere und	WEINBERG 17—60	84	—	—	87,5	3	—	171,5	3	1,75 ± 1,0
unsichere	STRÖMGREN-SLATER	86,4	—	—	84,6	3	—	171	3	1,75 ± 1,0
B		*B. Geschwister der Probanden*								
sicher	WEINBERG 17—60	161	3	1,9 ± 1,07	149	5	3,4 ± 1,48	310	8	2,58 ± 0,90
	STRÖMGREN-SLATER	151,8	3	2,0 ± 1,16	146,2	5	3,4 ± 1,51	298	8	2,68 ± 0,94
sichere und	WEINBERG 17—60	161	3	1,9 ± 1,07	149	7	4,7 ± 1,74	310	10	3,2 ± 1,00
unsichere	STRÖMGREN-SLATER	151,8	3	2,0 ± 1,16	146,2	7	4,8 ± 1,77	298	10	3,35 ± 1,04
C		*C. Kinder der Probanden*								
sichere und	WEINBERG 17—60	36,5	1		33	—		69,5	1	(1,5)
unsichere	STRÖMGREN-SLATER	14,2	1		15,1	—		29,3	1	(3,5)

Tabelle 57. *Morbiditätsrisiko für endogene Psychosen und depressive Erkrankungen unter Eltern und Geschwistern von Probanden mit Involutionsmelancholien*

Diagnose unter Eltern und Geschwistern	Bezugsziffer berechnet nach	Männer			Frauen			Total		
		Bezugs-ziffer	Sekundär-fälle	Morbiditäts-risiko %	Bezugs-ziffer	Sekundär-fälle	Morbiditäts-risiko %	Bezugs-ziffer	Sekundär-fälle	Morbiditäts-risiko %
A. Eltern der Probanden										
Schizophrenie	WEINBERG 17—50	91	—		93	1		184,0	1	0,5±0,5
Misch-psychosen	WEINBERG 17—50	91	2		93	1		184	3	1,6±0,92
Manisch-depr. Psychosen	WEINBERG 17—60	84	—		87,5	2		171,5	3	1,7±1,0
	STRÖMGREN-SLATER	86,3	—		84,6	—		171,0	3	1,7±1,0
Depressive Reaktionen	WEINBERG 17—60	84	5		87,5	5		171,5	12	7,0±1,9
Suicide	Gestorbene über 16	91	2		98	—		189	2	1,1±0,75
B. Geschwister der Probanden										
Schizophrenie	WEINBERG 17—50	187,25	1	0,5±0,5	174,5	3	1,7±0,97	361,75	4	1,1±0,55
Misch-psychosen	WEINBERG 17—50	187,25	—	—	174,5	1	0,5±0,5	361,75	1	0,28±0,03
Manisch-depr. Psychosen	WEINBERG 17—60	161	3	1,9±1,07	149	7	4,7±1,74	310	10	3,2 ±1,00
	STRÖMGREN-SLATER	151,8	3	2,0±1,16	146,2	7	4,8±1,77	298	10	3,3 ±1,04
Depressive Reaktionen	WEINBERG 17—60	161	3	1,9±1,07	149	5	3,3 ±1,48	310	8	2,6 ±0,90
Suicide	Gestorbene über 16	48	2		40,5	—		88,5	2	2,3 ±1,58

Wie schon Stenstedt (1952) festhielt, ist das Morbiditätsrisiko für *Schizophrenie* unter den Geschwistern und Eltern gegenüber der Durchschnittsbevölkerung nicht erhöht! Bei den Geschwistern unserer Probanden kommen in $1,1 \pm 0,55\%$ und bei den Eltern in $0,5\%$ Schizophrenien vor. (Übrigens auch hier vor allem bei weiblichen Angehörigen.)

Diese Ergebnisse widerlegen die These von Kallmann *(1940), wonach erbbiologische Beziehungen zwischen der Involutionsmelancholie und der Schizophrenie bestehen sollen.*

Auch manisch-depressiv-schizophrene Mischpsychosen sind unter Geschwistern und Eltern in nur geringer Zahl zu finden. (Bei den Geschwistern in $0,3\%$, bei den Eltern in $1,6 \pm 0,9\%$.)

Suicide kamen bei Brüdern in $2,3 \pm 1,6\%$ und bei Vätern in $1,1 \pm 0,7\%$ vor.

Depressive Reaktionen unter den Verwandten verteilen sich hingegen auf beide Geschlechter ungefähr gleich. Geschwister sind zu $2,6\%$, Eltern zu $6,1\%$ reaktiv-depressiv erkrankt.

Es ist im gesamten also festzuhalten: Endogene Depressionen und Manien kommen in der Verwandtschaft von Involutionsmelancholien gegenüber der Durchschnittsbevölkerung gehäuft vor. Schizophrenien sind nicht vermehrt. Suicide und leichtere depressive Entwicklungen und Reaktionen sind gegenüber Verwandten von manisch-depressiven Probanden eher seltener.

Da das Erkrankungsalter, das bei allen Autoren eines der wichtigsten differentialdiagnostischen Kriterien zwischen Involutionsdepression und manisch-depressiven Erkrankungen darstellt und alle Autoren sich damit begnügten, die Probanden nach dem Erkrankungsalter nur in zwei Gruppen aufzugliedern, konnte aus dieser Fragestellung heraus kaum eine dem Phänomen adäquate Antwort gefunden werden.

Vielmehr ist zu untersuchen, wie hoch das Morbiditätsrisiko für MDP unter Verwandten von Probanden ist, wenn letztere, entsprechend dem Erkrankungsalter, in einzelne Dekaden gruppiert und nicht nur z. B. in Form von Erkrankungen vor und nach dem 50. Altersjahr einander gegenübergestellt werden. Die entsprechende Analyse folgt im Kapitel XIII.

Zusammenfassung: Manisch-depressive Psychosen und Involutionsmelancholien sind in der Verwandtschaft von Involutionsmelancholikern gegenüber der Durchschnittsbevölkerung vermehrt. Dies gilt nicht für Schizophrenien.

XI. Affektive Erkrankungen in der Verwandtschaft von manisch-depressiv-schizophrenen Mischpsychotikern

Es gibt zwischen Schizophrenien und manisch-depressiven Psychosen (Cyclothymien) eine Gruppe von Psychosen, deren diagnostische Zuordnung zu einem der genannten Formenkreise große Schwierigkeiten bereitet und bei welchen eine Entscheidung oft eine Frage des Ermessens ist. Diese atypischen Psychosen werden in der vorliegenden Arbeit mit Mayer-Gross (1932) und vielen anderen als Mischpsychosen bezeichnet. Es werden darunter, in Anlehnung an E. und M. Bleuler, Psychosen verstanden, welche phasenhaft gut remittierend verlaufen und bei welchen sich entweder innerhalb einer Phase manisch-depressive und schizophrene Symptome mischen oder bei denen im Längsschnitt von Phase zu Phase ein Wechsel zwischen manisch-depressiven und schizophrenen Symptomen zu beobachten ist. Schon Kraepelin hat betont, daß gerade in solchen Fällen nicht so sehr nur die einzelnen Symptome, sondern das psychische Gesamtbild und der Verlauf für die Diagnose von großer Bedeutung sind. Die Problematik ist ausführlich durch PAULEIKHOFF (1957) dargestellt worden.

Die Ansichten über die zahlenmäßige Bedeutung der atypischen Psychosen wechseln außerordentlich. KRETSCHMER (1919) z. B. vertritt die Ansicht, daß zwischen den zwei Formenkreisen ein weites Mischgebiet liege und nur etwa die Hälfte der endogenen Psychosen als reine manisch-depressive oder als reine schizophrene Bilder auftreten und die andere als Mischpsychose erscheine. SAHLI (1959) meint, Mischpsychosen seien außerordentlich selten.

Das Hauptaugenmerk der Forschung richtete sich auf den Übergang endogener manischer oder depressiver Syndrome in eine Schizophrenie, z. B. LEWIS und HUBBARD (1931) und SAHLI (1959). Es kann aber kein Zweifel darüber bestehen, daß der Verlauf auch in umgekehrter Richtung von schizophrenen Phasen zu späteren manisch-depressiven führen kann.

ESSEN-MÖLLER (1941) beschreibt ein mischpsychotisches eineiiges Zwillingspaar mit manischen bzw. depressiven schizophrenen Phasen, welche konkordant dreimal auftraten. Zum Problem der Mischpsychosen äußerten sich z. B. KRETSCHMER (1919), LANGE (1922), MAYER-GROSS (1922, 1932), GAUPP und MAUZ (1926), WILDERMUTH (1929), LEWIS und HUBBARD (1931), MEYER (1950) und ZERBIN (1965). Besondere Bedeutung kommt den Arbeiten von KLEIST (1921/1928) und seinen Schülern zu, welche cycloide Randpsychosen in Form von Motilitätspsychosen, Verwirrtheitspsychosen und ängstlich-ekstatischen Wahnpsychosen zu isolieren versuchten. FÜNFGELD (1936) fand in der Verwandtschaft von Motilitätspsychosen und Verwirrtheitspsychosen unter Geschwistern in 4% gleichartige Sekundärfälle und nur in 0,9% Schizophrenien. Unter den Eltern aber fanden sich manisch-depressive Krankheiten in 8,5% und nur in 1,25% gleichartige Motilitätspsychosen. Weitere genetische Untersuchungen (leider nur nach dem Diem-Kollerschen Verfahren) stammen von KLEIST (1928), NEELE (1949) und LEONHARD (1934, 1957).

Unsere Studie stellt sich nicht die Aufgabe, das Problem der Mischpsychosen umfassend zu bearbeiten. Es soll lediglich bei atypischen Psychosen auf Grund einer genetischen Untersuchung der Blutsverwandten 1. Grades ein kleiner Beitrag zur Problematik gewährleistet werden. Dieser wird noch durch die früheren Ausführungen über prämorbide Persönlichkeit, Konstitution, Erkrankungsalter, Phasen- und Intervalldauer dieser Probandengruppe ergänzt. Es stellt sich genetisch die Frage, ob unter Verwandten von Mischpsychotikern sich signifikant gehäuft Mischpsychosen finden lassen oder ob z. B. in der Aszendenz Schizophrenien und manisch-depressive Psychosen vorkommen.

Wenn man sich mit Mischpsychosen näher befaßt, kann kein Zweifel mehr darüber bestehen, daß das Krankengut heterogen ist. Wir haben unsere mischpsychotischen Probanden aus den Aufnahmen der Jahre 1959—1963 gewählt und auswahlfrei alle diejenigen Fälle eingeschlossen, welche weder als schizophrene noch als manisch-depressive Psychosen gelten konnten, welche aber die oben genannten Diagnosekriterien erfüllten. Die Motilitätspsychosen und Verwirrtheitspsychosen der Kleistschen Schule sind nicht einbezogen, da sie bei uns der Schizophrenie zugeordnet sind. Es wurden 73 Probanden ausgelesen, die an einer Mischpsychose litten. Zwei der Probanden sind Schwestern.

Tabelle 58. *Morbiditätsrisiko für endogene Psychosen unter Eltern und Geschwistern von Probanden mit manisch-depressiv-schizophrenen Mischpsychosen*

Diagnose der Sekundärfälle	Bezugsziffer berechnet nach	Männer			Frauen			Total		
		Bezugsziffer	Sekundärfälle	Morbiditätsrisiko %	Bezugsziffer	Sekundärfälle	Morbiditätsrisiko %	Bezugsziffer	Sekundärfälle	Morbiditätsrisiko %
				A. Eltern der Probanden						
Schizophrenie	WEINBERG 17—50	66	2		66	3		132	5	3,8 ±1,67
Manisch-depr. Psychosen	WEINBERG 17—60	60,5	3		60	3		120,5	6	5,0 ±1,98
	STRÖMGREN-SLATER	60,5	3		59	3		119,5	6	5,0 ±2,00
Mischpsychosen	WEINBERG 17—50	66	—		66	4		132	4	3,0 ±1,50
Depressive Reaktionen	WEINBERG 17—60	60,5	—		60	6		120,5	6	5,0 ±1,98
Suicide	Gestorbene über 16	52	1		47	2		99	3	3,0 ±1,72
				B. Geschwister der Probanden						
Schizophrenie	WEINBERG 17—50	121	6	5,0±1,98	119,75	11	10 ±2,86	240,75	17	7,1 ±1,66
Manisch-depr. Psychosen	WEINBERG 17—60	97	2	2,0±1,44	92,75	3	3,2±1,84	189,75	5	2,6 ±1,16
	STRÖMGREN-SLATER	97	2	2,0±1,44	104,78	3	2,9±1,63	201,8	5	2,5 ±1,10
Mischpsychosen	WEINBERG 17—50	121	4	3,3±1,63	119,75	6	5,0±1,99	240,75	10	4,15±1,29
Depressive Reaktionen	WEINBERG 17—60	97	3	3,1±1,76	92,75	2	2,1±1,51	189,75	5	2,6 ±1,16
Suicide	Gestorbene über 16	23	3		20	—		43	3	7,0 ±3,88

Das Morbiditätsrisiko von Eltern und Geschwistern aller mischpsychotischer Probanden sei kurz zusammengefaßt (siehe Tabelle 58).

Unter den Eltern der Probanden finden sich in erster Linie manisch-depressive Psychosen zu 5%. Auch Mischpsychosen und Schizophrenien sind mit je 3%—3,8% vermehrt. Unter den Geschwistern verschiebt sich die Proportion stark zugunsten des Vorkommens von Schizophrenien und etwas weniger ausgeprägt zugunsten von Mischpsychosen. Diese Tendenz ist auch unter den Kindern der Probanden zu beobachten, welche vor allem an Schizophrenie erkrankten. Im ganzen kommen alle drei endogenen Psychosen (Schizophrenie, manisch-depressive und atypische Psychosen) in der Verwandtschaft gehäuft vor. Dies könnte dahingehend interpretiert werden, daß atypischen Psychosen tatsächlich eine Mittelstellung zwischen Schizophrenie und manisch-depressiver Psychose einzuräumen wäre. Es handelt sich aber bei dieser Betrachtungsweise um eine derartig summarische, daß ein solcher Schluß schon verfrüht wäre. Vielmehr ist die Homogenität des Krankengutes derart fragwürdig, daß unser Vorgehen statistisch anfechtbar ist.

Im folgenden sollen weniger diese Psychosen psychopathologisch näher beschrieben und in Untergruppen aufgegliedert werden, sondern es soll auf Grund des Verlaufes die Trennung in drei verschiedene Typen versucht werden, um an Hand dieser das Familienbild zu vergleichen:

Gruppe a): 32 Psychosen, bei welchen die erste und die späteren Phasen eine Mischung von manisch-depressiven und schizophrenen Symptomen zeigten: (das psychopathologische Bild blieb also über mehrere Phasen gleich) = Mischpsychosen im Querschnitt.

Gruppe b): 18 Psychosen, welche mit abheilenden manisch-depressiven Phasen begonnen hatten, denen später remittierende schizophrene Phasen folgten.

Gruppe c): 23 Psychosen, die mit remittierenden schizophrenen Phasen begonnen hatten, denen später sichere manisch-depressive Phasen folgten.

Eine Familienuntersuchung dieser drei kleinen Probandengruppen vermag natürlich keine statistisch beweisenden Ergebnisse, wohl aber vielleicht gewisse Hinweise zu vermitteln.

Gruppe a): 32 Probanden mit Mischpsychosen, bei welchen jede Phase eine Mischung von manisch-depressiven und schizophrenen Symptomen zeigt, weisen in der Verwandtschaft — was auffällt — keine Mischpsychosen auf. Unter den Eltern, Geschwistern und Kindern kommen hingegen 7,8 ± 2,00% *Schizophrenien* vor (Bz. = 179, Fälle 14). Die Schizophrenien finden sich vor allem bei den Geschwistern und Kindern. Unter den Sekundärfällen sind drei Katatonien, zwei depressive Schizophrenien, eine Hebephrenie, drei paranoide Schizophrenien und vier nicht näher zu klassifizierende Schizophrenien. *Manisch-depressive Psychosen* finden sich unter den Verwandten 1. Grades zusammen in 4,0 ± 1,61% (Bz. = 149, Fälle 6).

Vor allen Dingen ist also das Morbiditätsrisiko für Schizophrenie erhöht, aber auch manisch-depressive Psychosen sind wahrscheinlich häufiger als in der Durchschnittsbevölkerung. Hingegen fehlen unter den Verwandten Psychosen, welche denjenigen der Probanden stark ähneln würden. Einzig unter den 14 Schizophrenien könnten drei Katatonien und drei depressiv- oder manisch-gefärbte Schizophrenien eine gewisse Verwandtschaft andeuten.

Unter den Eltern der Probanden sind ein Elternteil an einer Schizophrenie und zwei an manisch-depressiven Psychosen erkrankt. Es macht vielleicht den Anschein, als ob sich in der Disposition zu Mischpsychosen bei den Probanden die Anlagen zu schizophrener und manisch-depressiver Erkrankung mischen würden. Damit wäre aber nicht erklärt, warum dies unter den Geschwistern, welche zur Hauptsache schizophren und in zwei Fällen manisch-depressiv sind, nicht auch der Fall ist. — Die hier untersuchte Form der Mischpsychosen scheint im ganzen der Schizophrenie näher zu stehen als dem manisch-depressiven Formenkreis.

Gruppe b): Mischpsychosen, die als manisch-depressive Psychosen beginnen und als Schizophrenien enden.

Es handelt sich um 18 Probanden, deren anfänglich meist depressive Psychose später in eine phasenhafte, affektiv gefärbte Schizophrenie überging. In der Verwandtschaft dieser Probanden kommen, bei einer Bezugsziffer von 79, keinerlei manisch-depressive Psychosen vor; hingegen ist das Morbiditätsrisiko für Schizophrenie unter Eltern, Geschwistern und Kindern zusammen mit $6,2 \pm 2,46^0/_0$ erhöht. Bei einer Bezugsziffer von 96,5 finden sich auch zwei Mischpsychosen $(2,0 \pm 1,45^0/_0)$. Die schizophrenen Sekundärfälle sind dreimal stark depressiv gefärbt. Einmal handelt es sich um ein Paranoid, einmal um eine Schizophrenia simplex und einmal um eine nicht näher zu differenzierende Unterform. Diese Gruppe der mischpsychotischen Probanden steht also der Schizophrenie genetisch ebenfalls sehr nahe.

Gruppe c): Mischpsychosen, die in den ersten Phasen eine Schizophrenie und in späteren ein rein manisch-depressive Symptomatik zeigen.

In der Verwandtschaft 1. Grades der 23 Probanden sind deutlich vermehrt:

Schizophrenien $7,1 \pm 2,29^0/_0$ (Bz. = 126, Fälle 9),

manisch-depressive Psychosen $5,6 \pm 2,22^0/_0$ (Bz. = 107,5, Fälle 6),

Mischpsychosen $6,5 \pm 2,38^0/_0$ (Bz. = 107,5, Fälle 7).

Im ganzen sind also in der Verwandtschaft alle drei von uns unterschiedenen endogenen Psychosen-Formen ungefähr gleich stark zu $5—7^0/_0$ vermehrt. *Die Gruppe c) nimmt als einzige zwischen schizophrenen und manisch-depressiven Erkrankungen erbbiologisch eine Mittelstellung ein.* Dieser Gruppe der Mischpsychosen kommt deshalb eine besondere Bedeutung zu. *In der Verwandtschaft finden sich weitaus am meisten Psychosen — im ganzen sind etwa $19^0/_0$ der Eltern, Geschwister und Kinder psychotisch.* Das Morbiditätsrisiko scheint also höher als dasjenige der Verwandten von periodisch depressiven Probanden und vielleicht auch höher als dasjenige der zirkulär erkrankten manisch-depressiven Probanden.

Die *Sekundärfälle* der Gruppen a—c zeigen in ihrer Mehrzahl einen phasischen, gut remittierenden Verlauf. Untersucht man dabei die *Schizophrenien* näher, so ergibt sich für 27 Sekundärfälle das folgende:

5 Fälle konnten nicht näher differenziert werden, weil die genauen Unterlagen fehlten, 13 Sekundärfälle waren „sichere Schizophrenien", 6 davon phasisch verlaufende Katatonien, welche zum Teil als Motilitätspsychosen diagnostiziert waren. Hierzu kamen zwei Hebephrenien, 4 paranoide Verläufe und eine Schizophrenia simplex. Nicht weniger als neun schizophrene Sekundärfälle zeigten bei phasischem Verlauf eine starke affektive Färbung, z. B. in Form depressiver Katatonien oder maniformer Erregung. Diese Fälle wurden trotzdem nicht zu den Mischpsychosen gezählt, weil die schizophrene Symptomatik im Vordergrund stand. Es muß somit betont werden, daß von 22 sicher zu beurteilenden schizophrenen Sekundärfällen nur 7 diagnostisch einigermaßen scharf von atypischen Psychosen zu trennen sind.

In 15 Fällen waren eine manische und eine depressive Komponente und in 6 Fällen eine katatone mit periodischem Verlaufstyp deutlich.

In den individuellen Krankheitsverläufen der *Probanden* spielten, wenn schizophrene Symptome in Erscheinung traten, die katatonen eine hervorstechende Rolle. In 10 Fällen wechselten manische und depressive mit katatonen Phasen.

Im ganzen spiegelt sich also sowohl bei den Probanden wie bei den Sekundärfällen unter den Angehörigen dasselbe Phänomen wider: *die sogenannten schizophrenen Symptome der Probanden sind oft katatone, deren Zuordnung zur Schizophrenie besonders unsicher sind; unter den Psychosen der Sekundärfälle sind besonders viele affektiv gefärbt (maniforme oder depressive Schizophrenien). Gerade diese affektive Färbung aber bedingt wieder eine günstige Prognose und steht wohl mit dem phasenhaften Verlauf in Beziehung. In der Verwandtschaft der Mischpsychotiker sind sichere, im besonderen auch ungünstig verlaufende Schizophrenien also verhältnismäßig selten, hingegen finden sich oft sichere manisch-depressive Erkrankungen* (vor allem in der Gruppe c) mit günstiger Langstreckenprognose).

Zusammenfassung: Auf Grund des kleinen Zahlenmaterials (73 Probanden und deren Angehörige) lassen sich folgende Tendenzen vermuten: Psychosen, welche als manisch-depressive beginnen und als Schizophrenien enden, sowie Psychosen, welche in der Phase eine Mischung von schizophrenen und manisch-depressiven Symptomen zeigen, stehen auf Grund des Familienbildes der Schizophrenie sehr nahe; schizophrene Psychosen sind in der Verwandtschaft deutlich vermehrt.

Psychosen, welche phasenhaft mit schizophrener Symptomatik beginnen und in späteren Phasen eine rein manisch-depressive Symptomatik aufweisen, zeigen unter den Verwandten eine besonders hohe Belastung mit Psychosen (19% der Blutsverwandten ersten Grades sind psychotisch, und zwar ungefähr je ein Drittel derselben schizophren, manisch-depressiv oder mischpsychotisch). Diese Probandengruppe nimmt somit erbbiologisch eine Mittelstellung zwischen schizophrenen und manisch-depressiven Erkrankungen ein. Unter den Sekundärfällen atypisch psychotischer Probanden finden sich gehäuft ebenfalls atypische Psychosen, aber auch manisch-depressive Psychosen und Schizophrenien.

XII. Die endogenen Psychosen unter Eltern und Geschwistern aller Probanden

Die Diagnosen der unter Eltern und Geschwistern im einzelnen beobachteten affektiven Erkrankungen und Schizophrenien sind nosologisch gruppiert nach Verwandtschaftsgrad und Geschlecht getrennt auf Tabelle 59 zusammengefaßt. Es soll im folgenden geprüft werden, ob die Diagnosen der Sekundärfälle sich denjenigen der Probanden gleichen.

Bezüglich der *endogenen manischen und depressiven Psychosen* ist folgendes hervorzuheben:

1. Verwandte von zirkulär-depressiven Probanden

Unter den Verwandten finden sich bei einer Bezugsziffer nach STRÖMGREN-SLATER von 160,2:

Tabelle 59. *Sekundärfälle unter Eltern und Geschwistern*

Klinisches Bild der Probanden	Diagnosen der Verwandten																								
	zirkuläre Depression				Depression (MDP)				Involutions-melancholien				Mischpsychose				sonstige Affekt-störungen				Schizophrenie			
	Eltern		Geschwister		Eltern		Geschwister		Eltern		Geschwister		Eltern		Geschwister		Eltern		Geschwister		Eltern		Geschwister	
	m	f	m	f	m	f	m	f	m	f	m	f	m	f	m	f	m	f	m	f	m	f	m	f
zirkuläre Depression	—	3	4	—	2	3	9	4	—	3	—	—	—	2	—	1	—	3	3	5	—	1	2	2
reine Depression	—	—	[illegible]	—	2	7	1	10	—	6	1	4	2	2	—	—	9	6	11	11	1	1	2	3
Involutions-melancholie	—	—	1	1	—	—	1	3	—	2	1	3	1	1	—	1	5	5	3	5	—	1	1	3
Mischpsychose	2	1	—	1	—	1	1	1	—	1	1	1	—	4	4	6	—	6	3	2	2	3	6	11

3 Manien	
4 zirkuläre Psychosen (MDP)	4,37%
18 Depressionen (MDP)	11,2 %
3 Involutionsmelancholien	1,87%

Involutionsmelancholien sind mit 1,9% selten. Es überwiegen reine Depressionen mit 11,2%. Allen endogen depressiven Psychosen (Involutionsmelancholien + Depressionen MDP) mit 13,12 ± 2,67% stehen die manischen und zirkulären Psychosen mit 4,37 ± 1,62% gegenüber. Depressive Psychosen sind also 3mal häufiger. Der Anteil an manischen und zirkulären Psychosen scheint mit 3+4=7 Sekundärfällen verhältnismäßig gering, übertrifft jedoch, wie die weitere Untersuchung zeigt, alle anderen Probandengruppen bei weitem.

2. Verwandte nur depressiv erkrankter Probanden (MDP)

Unter den Verwandten finde ich bei einer Bezugsziffer nach STRÖMGREN-SLATER von 361,5:

0 Manien	
1 zirkuläre Psychose	0,36%
20 Depressionen (MDP)	5,53%
11 Involutionsmelancholien	3,04%

Im Vergleich zur ersten Probandengruppe treten hier die manischen Psychosen völlig zurück und nur eine einzige zirkuläre Psychose konnte gefunden werden (0,36 ± 0,21%)! Es überwiegen die reinen Depressionen mit 5,53% und die Involutionsmelancholien mit 3,04%.

Der hohe Anteil an Involutionsmelancholien (der sich nicht einmal in der Verwandtschaft von involutionsmelancholischen Probanden finden läßt) kann wohl als Argument für die Einheitlichkeit der endogenen Depressionen, welche vor und nach dem 50. Altersjahr auftreten, gewertet werden.

3. Verwandte von involutiv depressiven Probanden

Unter den Verwandten finden sich bei einer Bezugsziffer nach STRÖMGREN-SLATER von 469:

0 Manien	
2 zirkuläre Psychosen	0,43%
4 Depressionen	0,95%
6 Involutionsmelancholien	1,28%

Auch in dieser Gruppe sind manische und zirkuläre Erkrankungen schwach vertreten. An erster Stelle stehen die Involutionsmelancholien zu $1,28 \pm 0,52^0/_0$, gefolgt von den reinen Depressionen. Depressive Psychosen finden sich in total $2,13 \pm 0,67^0/_0$. Im ganzen finden sich ausgesprochen wenig Psychosen. Es handelt sich um die einzige Probandengruppe, in deren Verwandtschaft die Involutionsmelancholien etwas überwiegen.

4. Verwandte von mischpsychotischen Probanden

Unter den Verwandten finden sich bei einer Bezugsziffer nach STRÖMGREN-SLATER von 157,5 für depressive Psychosen und bei einer Bezugsziffer nach WEINBERG für Schizophrenien und Mischpsychosen von 372,75:

2 Manien	} 2,5 %
2 zirkuläre Psychosen	
3 Depressionen (MDP)	1,9 %
3 Involutionsmelancholien	1,9 %
14 Mischpsychosen	3,76%
22 Schizophrenien	5,9 %

In erster Linie sind also Schizophrenien und Mischpsychosen gehäuft, gefolgt von depressiven und manischen Erkrankungen, wobei der verhältnismäßig hohe Anteil an manischen Syndromen auffällt. Da es sich um die weitaus am häufigsten mit Psychosen belastete Verwandtschaft handelt, finden sich auch verhältnismäßig viele Involutionsmelancholien (mehr als unter den Verwandten von Involutionsmelancholikern!) und manische und zirkuläre Psychosen ($2,54 \pm 1,22^0/_0$).

Schizophrenien und Mischpsychosen sind (siehe Tabelle 58) nur in der Verwandtschaft von Mischpsychotikern gesichert häufiger als in der Durchschnittsbevölkerung.

Sonstige Affektstörungen, in der Hauptsache reaktive Depressionen und depressive Entwicklungen, sind in allen untersuchten Probandengruppen unter den Verwandten vermehrt, am wenigsten bei den Involutionsmelancholikern und am meisten bei den rein depressiv erkrankten Probanden.

Zusammengefaßt sind die folgenden Befunde aus der Analyse der Psychosen der Verwandten unserer Probanden hervorzuheben:

1. Zirkuläre Psychosen finden sich weitaus am häufigsten (sowohl prozentual als auch anteilsmäßig unter den gefundenen Psychosen) unter den Verwandten von zirkulären Probanden, verhältnismäßig häufig aber auch unter den Verwandten von Mischpsychotikern.

Ausgesprochen selten sind zirkuläre Psychosen in der Verwandtschaft rein depressiv erkrankter Probanden (MDP) und Involutionsmelancholikern.

2. Rein depressive Psychosen sind prozentual am häufigsten in der Verwandtschaft von zirkulär erkrankten Probanden, gefolgt von den Verwandten rein depressiv erkrankter Probanden. Bildet man den Quotienten manische : depressive Psychosen, so sind sie vorwiegend in der Verwandtschaft depressiver Probanden zu finden, wo fast keine manischen Psychosen vorkommen.

3. Involutionsmelancholien sind in der Verwandtschaft aller untersuchter Probandengruppen leicht gehäuft, unerwarteterweise bei Verwandten von involutiv melancholischen Probanden prozentual nicht besonders hervorstechend. In deren Verwandtschaft sind aber trotzdem Involutionsmelancholien noch die am häufigsten vorkommenden Psychosen.

4. *Mischpsychosen und Schizophrenien* finden sich vermehrt in der Verwandtschaft mischpsychotischer Probanden.

Die Interpretation dieser Befunde ist nicht einfach. Im ganzen neigen unverkennbar Verwandte, an ähnlichen Psychosen zu erkranken wie die Probanden selbst: zirkuläre und manische Psychosen kommen hauptsächlich in der Verwandtschaft zirkulärer Probanden vor, unter den Verwandten depressiver Probanden finden sich fast ausschließlich depressive Psychosen, unter den Verwandten der mischpsychotischen Probanden sind Mischpsychosen und Schizophrenien stark gehäuft. Daneben aber sind die *depressiven Psychosen* (sowohl des manisch-depressiven Krankseins wie auch die Involutionsmelancholien) in allen untersuchten Gruppen vermehrt. Es treten dabei zwei Aspekte hervor:

Die korrigierte prozentuale Häufigkeit: Sie ist in der Verwandtschaft zirkulärer Probanden am höchsten.

Die relative Häufigkeit beim Vergleich mit den übrigen in der Verwandtschaft gefundenen Psychosen: Hier sticht das beinahe ausschließliche Vorkommen depressiver Psychosen in der Verwandtschaft depressiver Probanden hervor.

Wir kommen zu folgenden Schlüssen:

1. *Die zirkulären Probanden stellen eine mit Psychosen besonders stark in der Verwandtschaft belastete Gruppe dar, welche im Verhältnis 1 : 3 manische und depressive Sekundärfälle aufweist.*

2. *Depressionen des manisch-depressiven Krankseins und Involutionsmelancholien sind wahrscheinlich sehr nahe verwandt oder gehören zusammen:*
— in beiden Gruppen finden sich depressive Erkrankungen (MDP) und Involutionsmelancholien unter den Verwandten;
— in beiden Gruppen kommen kaum manische Psychosen vor. Das Verhältnis *manischer zu depressiver Sekundärfälle beträgt 3 : 41.*

3. *Mischpsychosen gehören nicht zu den manischen und depressiven endogenen Psychosen.*

Die Tatsache, daß in der Verwandtschaft depressiver und involutiv depressiver Probanden vereinzelt manische oder zirkuläre Psychosen vorkommen, spricht nicht gegen eine nosologische Differenzierung von den zirkulären Psychosen. Die Diagnose einer rein depressiven Erkrankung muß ja per exclusionem erfolgen und dabei kann nie ausgeschlossen werden, daß später doch noch eine manische Phase folgen wird. Die Probandengruppen mit depressiven Psychosen werden somit sehr wahrscheinlich eine Anzahl von Anlageträgern für zirkuläre Psychosen enthalten.

XIII. Das Morbiditätsrisiko der Verwandten von endogenen Depressiven in Korrelation zu folgenden Merkmalen:

1. Geschlecht

Das manisch-depressive Kranksein begegnet dem Beobachter viel häufiger unter Frauen als unter Männern. Schon JUNG (1864) fiel das Überwiegen der Frauen auf, was später von zahlreichen Autoren bestätigt wurde. Die Feststellungen bezogen sich aber meistens auf die Proportion der Geschlechter unter den Klinikaufnahmen. [SOUKHANOFF und GANOUSCHKIN (1903), KRAEPELIN (1903), SCHOTT (1903), LIPSCHITZ (1905), JOLLY (1913), E. BLEULER (1916), SLATER (1938), LANGE (1939, 1942),

ARIETI (1959), WEITBRECHT (1960), ROSANOFF (1935), SJÖGREN (1948), PETRILO-
WITSCH und HEINRICH (1961).]

JOLLY wies 1913 nach den ersten Vermutungen von JUNG (1864) auf die Möglichkeit eines geschlechtsgebundenen dominanten Erbganges hin. Später wurde diese
Hypothese vor allem von ROSANOFF u. Mitarb. (1935) vertreten. HOFFMANN (1921)
äußerte Zweifel an einer geschlechtsgebundenen Vererbung, betont aber, daß auch er
keine Erklärung für das Überwiegen der Frauen zu geben vermöge. In der Folge
und zum Teil wohl gerade wegen einer fehlenden befriedigenden genetischen Hypothese wurde ernsthaft versucht, die asymmetrische Verteilung manisch-depressiver
Krankheiten auf Männer und Frauen als ein Scheinphänomen zu erklären. RÜDIN
(1923) wies auf die häufigen Suicide der Männer hin, was die unterschiedliche Verteilung auf die Geschlechter wieder zusammenschrumpfen lasse; außerdem stellte er
fest, daß sich die Zahlen wieder zugunsten der Männer verschieben würden, je älter
die untersuchten Probanden wären. Er fand jedoch im Krankengut der Klinik ebenfalls
ungefähr doppelt so viele Frauen als Männer. Das Problem wurde später vor allem
durch LANGE (1928), WEINBERG und LOBSTEIN (1936), SLATER (1938) und STENSTEDT
(1959) ausführlich, aber nie völlig überzeugend diskutiert. Alle kommen zur Annahme, daß die Krankheit wahrscheinlich auf die beiden Geschlechter gleich verteilt
sei. Nach LANGE werden depressive Männer oft als Alkoholiker verkannt. Er sowie
WEINBERG und LOBSTEIN weisen auf die unterschiedliche Hospitalisierungspraxis hin.
Männer bleiben länger im Erwerbsleben und werden später hospitalisiert, weil sie
daheim noch gepflegt werden können. Das Überwiegen der Frauen unter den Klinikaufnahmen kann teilweise auch durch die Absterbeordnung erklärt werden. Aller
Erklärungsversuche zum Trotz müssen jedoch SLATER (1938), STRÖMGREN (1939),
RÜDIN (1923) und ROSANOFF (1935) das Überwiegen der Frauen als Tatsache feststellen; uneinig ist man sich lediglich bezüglich der Erklärung des Phänomens. LANGE
äußerte sich sehr zurückhaltend, weist auf die vielen Fehlerquellen hin, hält aber doch
dafür, daß Frauen häufiger erkranken (möglicherweise wegen der höheren Bedeutung
des Temperaments im Charakter der Frau und wegen einer erhöhten Ansprechbarkeit
der Affektivität). Methodisch forderte er die Untersuchung homogener Teilgruppen;
bekannt sei ja das Überwiegen der Männer unter den periodischen Manien und das
der Frauen unter den periodischen Depressionen.

Es wurden in diesem Zusammenhang auch widersprüchliche Mendelsche Theorien auf-
gestellt: ROSANOFF u. Mitarb. (1935) halten RÜDIN entgegen, daß seine Hypothese einer tri-
faktoriellen Vererbung das Überwiegen der Frauen nicht erklären könne; und sie glauben
selbst an das Vorhandensein eines autosomalen cyclothymen und eines x-chromosomalen,
aktivierenden Faktors. Letzterer wäre mit dem reicheren emotionellen Leben der Frau zu
verbinden, welche 2 X-Chromosomen besitzt. Allein soll keiner dieser Faktoren zu einer
Psychose führen. SLATER (1953) glaubt an eine dominante Vererbung und meint, die durch
die Theorie von ROSANOFF zu fördernde doppelte Häufigkeit unter Frauen werde empirisch
nicht gefunden. Außerdem müßte, entgegen den Erfahrungen, erwartet werden, daß männliche Probanden fast keine kranken Väter hätten, die weiblichen Probanden jedoch in an-
nähernd gleichem Verhältnis kranke Väter und Mütter haben. In ähnlicher Weise würden
männliche Probanden vor allem kranke Töchter, weibliche Probanden sowohl kranke Söhne
wie Töchter erzeugen, mit einem sehr geringen Überschuß der letzteren.

Einen Fortschritt in der Klärung der Problematik brachten die umfassenden skandinavischen *Untersuchungen der Durchschnittsbevölkerung. Alle Autoren finden das
manisch-depressive Kranksein bei Frauen häufiger als bei Männern:*

Autor	Morbiditätsrisiko	
	Männer	Frauen
Strömgren (1938)	ca. 0,2	0,6
Fremming (1947)	1,02	2,24
Sjögren (1948)	0,4—0,5	0,8—1,0
Larsson u. Sörensen (1954)	0,9	1,2
Strömgren (1961)	1,0	1,3
Essen-Möller u. Hagnell (1961)	0,8	2,5
Helgason (1964)	1,8	2,46

Die Zahlen basieren meist auf der Census-Methode; je nach Berechnungsart sind auch noch weitere leicht abweichende Frequenzen aufgeführt. Angesichts der Gründlichkeit der aufgeführten Arbeiten kann an einem erhöhten Morbiditätsrisiko der Frauen überhaupt nicht mehr gezweifelt werden. Es macht den Anschein, daß das gleiche auch für reaktive und neurotische Depressionen gilt. [Sörensen und Strömgren (1961), Juel-Nielsen u. Mitarb. (1961).]

Um so erstaunlicher ist es, daß Familienuntersuchungen, ausgehend von manisch-depressiven Probanden, bis jetzt nicht zu diesem Schluß gekommen sind. Allerdings haben die meisten Untersucher darauf verzichtet, das Morbiditätsrisiko getrennt nach Geschlechtern und vor allem getrennt nach Verlaufsformen (rein manische, rein depressive oder gemischte Verläufe) zu untersuchen. Stenstedt (1952) findet zwar unter den Eltern und Kindern seiner manisch-depressiven Probanden fast zwei- bis dreimal so viele Erkrankungen beim weiblichen Geschlecht, bei Geschwistern hingegen ein leichtes Überwiegen des männlichen. Bei Involutionsmelancholikern fand er unter den Probanden eine gleichmäßige Geschlechtsverteilung. Angesichts all dieser Befunde und der Fehlergrenzen glaubt Stenstedt nicht an ein Überwiegen der Frauen unter den Erkrankten. Ähnliche Befunde erhoben Strömgren (1938) und Schulz (1951) bei den Geschwistern von Manisch-Depressiven.

Unsere eigenen Ergebnisse zeigen im ganzen — *wenn man auf die Bildung homogener Teilgruppen verzichtet* — für Manisch-Depressive folgendes:

Verwandt-schaftsgrad	Bezugsziffer nach	Morbiditätsrisiko	
		Männer %	Frauen %
Eltern	Weinberg 17—60	3,2 ± 1,59	16,1 ± 3,23
	Strömgren-Slater	3,3 ± 1,62	16,8 ± 3,34
Geschwister	Weinberg 17—60	7,9 ± 2,10	13,6 ± 2,98
	Strömgren-Slater	9,5 ± 2,50	15,2 ± 3,29

Wie Stenstedt (1952) finden auch wir unter den Geschwistern der Probanden nur ein geringgradiges, nicht signifikantes Überwiegen der erkrankten Frauen. Die Differenz ist jedoch bei den Eltern statistisch signifikant. Eine definitive Schlußfolgerung wäre aber gewagt, da unter den Vätern nur vier Sekundärfälle bei einer Bezugsziffer von 120 vorliegen. Immerhin hält die Differenz des Morbiditätsrisikos von Vätern und Müttern Manisch-Depressiver den mittleren Fehler um das 3,7fache aus!

Unsere Ergebnisse können nicht ohne weiteres mit denjenigen von Stenstedt verglichen werden, weil sich in unserem Krankengut keine *einfachen und periodischen*

Manien befinden. Die eigenen Ergebnisse sind somit für das manisch-depressive Kranksein als ganzes nicht repräsentativ; vielleicht wird aber im folgenden gerade die *Auslese rein depressiver und gemischter manisch-depressiver Verlaufsformen* und deren Gegenüberstellung einiges zur Lösung des Problems beitragen können.

Unterteilen wir die Verlaufsformen unserer Manisch-Depressiven in der genannten Weise, so finden wir — Tabellen 53 u. 54 — (es ist dabei allerdings auf die kleinen Bezugsziffern zu verweisen) folgendes:

Die *Probanden mit zirkulären Krankheitsverläufen* (manische und depressive Phasen) zeigen in der Verwandtschaft eine sehr ungleichmäßige, widersprüchliche Verteilung von Sekundärfällen unter den Geschlechtern: Brüder erkranken fast doppelt so häufig als Schwestern, Mütter viermal häufiger als Väter. Die Bezugsziffern sind dabei so klein, daß diesen Befunden keinerlei Beweiskraft zukommt. Zählt man die Ergebnisse bei Geschwistern und Eltern zusammen, so erhalten wir eine *völlig symmetrische Verteilung auf die beiden Geschlechter:* Männer erkranken in 14,8 ± 3,94%, Frauen in 15,0 ± 4,02% der Fälle.

Völlig anders liegen die Verhältnisse bei *Probanden mit rein depressiven Krankheitsverläufen:* Brüder erkranken (Bezugsziffern nach STRÖMGREN-SLATER) in 3,2 ± 1,84%, Schwestern in 17,6 ± 4,27% der Fälle. Die Differenz hält den mittleren Fehler um das 3,1fache aus und ist damit auf dem 1%-Niveau signifikant. Zu gleichen Ergebnissen gelangt die Untersuchung von Eltern von rein Depressiven: Väter erkranken zu 2,4 ± 1,7%, Mütter aber zu 15,3 ± 3,9%. Die Differenz hält den mittleren Fehler um das 4,24fache aus und ist damit hoch signifikant!

Aus unseren Befunden müssen wir darum als gesichert ansehen, daß Schwestern und Mütter von depressiven Probanden, welche manische Phasen vermissen lassen, häufiger erkranken als Brüder und Väter. Es ist sogar nicht einmal bewiesen, daß das Morbiditätsrisiko von Brüdern und Vätern gesichert von der Durchschnittsbevölkerung abweicht, wenn es auch geringgradig erhöht erscheint. Wenn wir die Zahlen der Geschwister und der Eltern addieren, um den mittleren Fehler zu reduzieren, so kommen wir auf ein *Morbiditätsrisiko für männliche Verwandte von 2,8 ± 1,25% und für weibliche Verwandte von 16,4 ± 2,90%. Die Differenz beträgt das 4,3fache des mittleren Fehlers (p < 0,001) und ist also hoch signifikant!*

Ferner finden wir, daß sich die *Sekundärfälle unter den Verwandten von Probanden mit zirkulären Verläufen auf die Geschlechter symmetrisch verteilen.* Umgekehrt hat aber die depressive Erkrankungsform eine erhöhte Affinität zum weiblichen Geschlecht.

Es drängt sich somit der Schluß auf, daß monopolare endogene Depressionen erbbiologisch von den bipolaren manisch-depressiven Psychosen zu trennen sind. Damit schließen wir uns LEONHARD (1957) an, der allgemein bei monopolaren und bipolaren Psychosen unter den Geschwistern der Probanden in anderer Beziehung unterschiedliche Befunde erhob. Allerdings fand er bei den bipolaren Verlaufsformen eine viel höhere Belastung unter Eltern und Geschwistern als bei monopolaren Verläufen. Er hatte dabei aber nicht rein manische und rein depressive monopolare Verläufe getrennt.

Man könnte diesen Schlußfolgerungen entgegenhalten, es seien zwar manisch-depressive Psychosen unter weiblichen Verwandten rein depressiver Probanden gehäuft, der Unterschied werde aber wahrscheinlich wieder dadurch ausgeglichen, daß Alkoholismus als Ausdruck larvierter Depressionen bei Männern weit überwiege, daß Suicide bei Männern ebenfalls häufiger seien und daß leichtere Depressionen, depressive Reaktionen und depressive Charaktere sich unter Männern häufen könnten. Keines dieser Gegenargumente hält einer sachlichen Prüfung stand:

Der *Alkoholismus* ist zwar, wie im Kapitel VIII ausgeführt wurde, unter männlichen Verwandten gegenüber weiblichen in der Überzahl. Das ist aber ein für das manisch-depressive Kranksein unspezifischer Befund, der auch in der Verwandtschaft von Neurotikern und Alkoholikern zu erheben ist. Das Morbiditätsrisiko für Alkoholismus ist unter Verwandten von endogen Depressiven im Vergleich zu Neurotikern oder Alkoholikern nicht erhöht.

Suicide finden sich tatsächlich unter männlichen Verwandten etwas häufiger als unter weiblichen. Die Zahlen genügen aber nicht, um die Differenz in der Häufung von endogen affektiven Psychosen auszugleichen.

Schließlich erweisen sich auch *depressive Reaktionen und Psychopathien* unter beiden Geschlechtern als ungefähr gleich häufig, ja bei Verwandten von zirkulären Probanden eher unter den Frauen als etwas vermehrt.

Berücksichtigt man bei der Berechnung des Morbiditätsrisikos der Verwandten neben den manisch-depressiven Psychosen auch die Suicide und depressiven Reaktionen, so finden wir: in der *Verwandtschaft von zirkulär erkrankten Probanden* ist das Morbiditätsrisiko für depressive Erkrankungen ohne nosologische Differenzierung unter männlichen Verwandten (Geschwister und Eltern) $20,7 \pm 4,34^0/0$, unter weiblichen Verwandten $19,4 \pm 4,63^0/0$, also unter beiden Geschlechtern gleich häufig!

Unter analoger Berechnung erhalten wir für die männlichen *Verwandten von monopolaren endogenen Depressionen* $16,9 \pm 2,82^0/0$ und für die weiblichen Verwandten $27,3 \pm 3,4^0/0$. Die Differenz beträgt das 2,4fache des mittleren Fehlers und ist damit nur noch auf dem $5^0/0$-Niveau signifikant. Auf Grund dieser Signifikanz wäre die Differenz zwischen Männern und Frauen nicht als endgültig bewiesen anzunehmen; allerdings ist zu bemerken, daß diese Berechnungsweise, welche darin besteht, daß man alle depressiven Erkrankungen pauschal zusammenzählt, ein etwas fragwürdiges Unternehmen darstellt. Es wurde damit nur ein Gegenargument für unsere obigen Schlußfolgerungen gesucht, doch konnten letztere auch damit nicht widerlegt werden. Es ist also daran festzuhalten, daß weibliche Verwandte von einfachen und periodisch depressiven Probanden signifikant häufiger an depressiven Erkrankungen leiden als männliche Verwandte.

Dieser Befund stimmt völlig mit den skandinavischen Census-Untersuchungen an der Durchschnittsbevölkerung überein, wenn man bedenkt, daß unter den manisch-depressiven Psychosen die rein depressiven Verläufe stark überwiegen. Die Ergebnisse der Census-Untersuchungen kommen wohl durch die Verteilung der rein depressiven Erkrankungen zustande, wobei die viel geringere Zahl manisch-depressiver Erkrankungen die Differenz trotz symmetrischer Verteilung auf die Geschlechter, in der Statistik nicht auszugleichen vermag.

Es hat den Anschein, als ob auch unter den *Verwandten von Involutionsmelancholikern das weibliche Geschlecht durch endogene affektive Psychosen höher gefährdet wäre als das männliche.* Brüder von Involutionsdepressiven haben bei einer Bezugsziffer von 161 (nach WEINBERG) ein Morbiditätsrisiko von $1,9 \pm 1,07^0/0$; Schwestern hingegen ein solches von $4,7 \pm 1,73^0/0$. Ähnliche Befunde ergeben sich bei den Eltern. Hier sind aber unsere Zahlen zu klein; dazu finden wir auch die Mischpsychosen unter Eltern verhältnismäßig oft $(1,6 \pm 0,92^0/0)$. Zwei der Fälle betrafen Väter, einer eine Mutter; manisch-depressive Psychosen finden wir, wohl zufällig, nur bei den Müttern. Das Morbiditätsrisiko für endogene Depressionen und Manien ist unter Brüdern und Vätern zusammen $1,2 \pm 0,73^0/0$, unter Schwestern und Müttern $4,3 \pm 1,4^0/0$. Die Differenz beträgt 2,1mal den mittleren Fehler und gibt somit mindestens einen Hinweis auf ein erhöhtes Morbiditätsrisiko der weiblichen Verwandten von Involutionsmelancholikern.

Untersucht man im weiteren die *Frage, ob männliche manisch-depressive Probanden sich von weiblichen im Familienbild unterscheiden,* so kommt man zu einem negativen Ergebnis, welches sich mit SCHULTZ (1951) und STENSTEDT (1952) deckt.

Die Geschwister von *männlichen Probanden* erkranken zu 7,1% ± 2,99% (Brüder 6,8, Schwestern 8,5%) an manisch-depressiven und involutiven Psychosen; die entsprechenden Zahlen für die Eltern lauten: 7,6 ± 3,26% (Väter 3,0, Mütter 12,1%). Demgegenüber zeigen die Verwandten von *weiblichen Probanden* ein leicht erhöhtes Morbiditätsrisiko; die Differenz liegt aber innerhalb der Fehlergrenzen. Geschwister erkranken zu 10,1 ± 2,18% (Brüder 7,4, Schwestern 17,5%). Die entsprechenden Zahlen für die Eltern lauten: 10,1 ± 2,2% (Väter 2,2, Mütter 17,5%). Die Differenz des Morbiditätsrisikos zwischen männlichen und weiblichen Verwandten weiblicher Probanden ist dabei hoch signifikant. Unter den Eltern beträgt sie das 5,1fache des mittleren Fehlers, bei den Geschwistern das 3,5fache. Es darf daraus aber nicht geschlossen werden, daß unter den weiblichen Verwandten von weiblichen Probanden im speziellen eine Affinität zu depressiven Erkrankungen bewiesen wäre; vielmehr ist der obige Befund eine Folge der Affinität des weiblichen Geschlechts zu depressiven Erkrankungen überhaupt.

Zusammenfassung: Dem Geschlecht kommt eine bisher bei affektiven Erkrankungen noch zu wenig berücksichtigte Bedeutung zu. Skandinavische Untersuchungen haben erwiesen, daß affektive Erkrankungen in der Durchschnittsbevölkerung unter Frauen häufiger sind als unter Männern. Die eigenen Untersuchungen zeigen, daß zirkulär verlaufende manisch-depressive Psychosen sich unter Eltern und Geschwistern beiderlei Geschlechts gleich häufig finden. Im Gegensatz dazu erkranken die weiblichen Verwandten endogen depressiver Probanden (welche manische Phasen vermissen lassen) signifikant häufiger als die männlichen. Das Überwiegen der erkrankten Frauen in der Verwandtschaft depressiver Probanden findet sich sowohl bei Depressiven des MDK wie auch bei Involutionsmelancholien. Männliche und weibliche Probanden zeigen unter Eltern und Geschwistern wahrscheinlich ungefähr gleich hohe Morbiditätsrisiken für affektive Psychosen. Hingegen erkranken die Schwestern und Mütter weiblicher Probanden signifikant häufiger als Väter und Brüder.

2. Ersterkrankungsalter

Alle bisherigen Untersuchungen des Morbiditätsrisikos der Verwandten von manisch-depressiven und von involutionsdepressiven Probanden in Korrelation zum Ersterkrankungsalter der Probanden beruhten auf der Gegenüberstellung von Früh- und Späterkrankten. Dabei wurde die Grenze mehr oder weniger scharf gezogen. Als Kriterien galten z. B. die Menopause oder das 45. bzw. 50. Altersjahr. Die Untersucher (SCHULZ, STENSTEDT u. a.) kommen dabei zum Schluß, daß Späterkrankte in der Verwandtschaft ein deutlich niedrigeres Morbiditätsrisiko aufweisen.

Die Problematik dieses Vorgehens liegt darin, daß nie untersucht worden ist, wie sich das Morbiditätsrisiko der Verwandtschaft verhält, wenn man die Probanden nach Erkrankungsalter nicht nur in Früh- und Späterkrankte trennt, sondern Gruppen nach dem Ersterkrankungsalter in Dekaden miteinander vergleicht. Die Tabelle 59 gibt unsere diesbezüglichen Berechnungen für Geschwister und Eltern endogener Depressiver (Manisch-Depressive und Involutionsdepressive) wieder. Wie bei den Geschwistern so auch bei den Eltern zeigt sich die gleiche Tendenz: die höchste familiäre Belastung weisen Probanden auf, welche zwischen 20 und 40 Jahren erstmals erkrankten. Zwischen 15 und 19 Jahren Erkrankte zeigen eine niedrigere familiäre Belastung, ebenso sinkt die familiäre Belastung bei Probanden, welche zwischen

Tabelle 60. *Morbiditätsrisiko der Eltern und Geschwister von endogen Depressiven in Abhängigkeit vom Ersterkrankungsalter der Probanden*

	10—19 Jahre	20—29 Jahre	30—39 Jahre	40—49 Jahre	50—59 Jahre	60—69 Jahre	70—79 Jahre
Geschwister							
Bezugsziffer nach SLATER	30,1	55,6	57,2	123,6	168,1	87,2	31,7
Sekundärfälle MDP	2	6	8	10	9	2	4
Morbiditätsrisiko (%)	6,65±4,54	10,79±4,16	13,99±4,59	8,09±2,45	5,35±1,77	2,29±1,60	12,6±5,89
Eltern							
Bezugsziffer nach SLATER	31,6	75,3	57,7	91,4	97,4	48,4	22,5
Sekundärfälle MDP	2	9	7	5	2	2	1
Morbiditätsrisiko (%)	6,34±1,37	11,95±3,73	12,13±4,30	5,47±4,32	2,05±4,54	4,13±2,90	4,44±4,34
Eltern und Geschwister							
Bezugsziffer nach SLATER	61,7	130,9	114,9	215	265,5	135,7	54,2
Sekundärfälle	4	15	15	15	11	4	5
Morbiditätsrisiko (%)	6,48±3,13	11,45±2,78	13,05±3,11	6,98±1,74	4,14±1,22	2,95±1,46	9,22±3,93

dem 40. und 70. Altersjahr erkrankt sind, deutlich ab. Hervorzuheben ist dabei, daß bereits die Grenzgruppe von Probanden, welche zwischen 40 und 49 Jahren erkrankt ist, gegenüber den früher Erkrankten deutlich weniger schwer belastet ist. Dieser Unterschied ist bei den Geschwistern und bei den Eltern deutlich. Allerdings ist unser Zahlenmaterial für statistische Beweise noch etwas zu klein. Die Differenz beträgt 1,92mal den mittleren Fehler, wenn man Probanden der Erkrankungsklasse 30—39 Jahre mit Probanden der Erkrankungsklasse 40—49 Jahre vergleicht. (Differenz 6,06, mittlerer Fehler 3,14.)

In Tabelle 60 ist das Morbiditätsrisiko von Eltern und Geschwistern der endogen depressiven Probanden abhängig vom Ersterkrankungsalter dargestellt worden, um den Sachverhalt zu verdeutlichen. *Es scheint daraus ziemlich eindeutig hervorzugehen, daß die nosologische Abgrenzung der Involutionsmelancholien von phasisch-depressiven Psychosen erbbiologisch unbegründet ist. Vielmehr bilden Probanden, welche zwischen 40 und 49 Jahren erstmals erkranken, eine Gruppe, die zwischen Manisch Depressiven und Involutionsdepressiven eine Mittelstellung einnimmt und damit die Grenzziehung zwischen den beiden Psychosen verwischt. Es scheint, als ob eine höhere hereditäre Belastung seitens der Eltern und Geschwister mit einem früheren Erkrankungsalter (zwischen 20 und 40 Jahren) korreliert ist, und daß dann ein gleitender Abfall der familiären Häufung von Psychosen mit steigendem Erkrankungsalter verbunden ist.*

3. Phasenzahl

STENSTEDT hat untersucht, ob das Morbiditätsrisiko der Geschwister von manisch-depressiven Probanden abhängig ist von der Phasenzahl der erkrankten

Probanden. Ein solcher Vergleich ist deshalb etwas schwierig, als das Durchschnittsalter von wiederholt Erkrankten gewöhnlich höher liegt als dasjenige von erstmals Erkrankten. Allerdings muß das Alter dabei nicht überschätzt werden; viel wichtiger ist das *Ersterkrankungsalter* der Probanden, da die hereditäre Belastung mit wachsendem Ersterkrankungsalter der Probanden abnimmt. STENSTEDT findet bei Probanden mit wenigen Phasen ein etwas geringeres Morbiditätsrisiko der Geschwister für affektive Psychosen. Der Unterschied ist aber wegen des großen mittleren Fehlers nicht signifikant. STENSTEDT glaubt daher, daß kein grundsätzlicher Unterschied zwischen Probanden mit zirkulären oder depressiven Verlaufsformen bestehe.

Unser Krankengut wird in drei Gruppen gegliedert: Probanden, welche nur einmal erkrankten, solche mit zweimaliger Erkrankung und solche, die drei oder mehr Phasen durchmachten. Wir finden in allen drei Gruppen eine gleich starke Häufung affektiver Psychosen unter den Eltern und Geschwistern der Probanden. Einmalig erkrankte *Manisch-Depressive* haben unter Eltern und Geschwistern ein Morbiditätsrisiko für manisch-depressive Erkrankungen von $12,8 \pm 3,43^0/_0$ (Bz. $= 86$); zweimal Erkrankte ein solches von $9,0 \pm 2,67^0/_0$ (Bz. $= 111,5$) und drei- oder mehrfach Erkrankte ein solches von $12,7 \pm 1,75^0/_0$ (Bz. $= 345$). Schließt man die manisch-depressiv-schizophrenen Mischpsychosen in die Berechnung ein, so findet man für die drei Vergleichsgruppen folgende Prozentzahlen: Einmalig Erkrankte: $13,9 \pm 3,74^0/_0$, zweimal Erkrankte: $11,6 \pm 3,20^0/_0$, drei- oder mehrfach Erkrankte: $13,8 \pm 2.33^0/_0$

Die weitere Untersuchung ergibt bei den *Involutionsmelancholien* das gleiche. Auch STENSTEDT kam hier nicht zu einem signifikanten Unterschied bei der Gegenüberstellung von einmal und mehrmals erkrankten Probandengruppen. Die eigenen Ergebnisse lauten: Das Morbiditätsrisiko von Eltern und Geschwistern von Involutionsmelancholien zusammen beträgt für Probanden, welche nur einmal erkrankten, $3,2 \pm 1,21^0/_0$ (Bz. $= 215$), für solche mit zweimaliger Erkrankung $1,3 \pm 0,92^0/_0$ (Bz. $= 151,5$) und für mehrmals Erkrankte $2,62 \pm 1,49^0/_0$ (Bz. $= 114$).

Schließt man auch hier die Mischpsychosen in die Berechnung ein, so ist das Morbiditätsrisiko für Verwandte einmalig Erkrankter $3,7 \pm 1,29^0/_0$, zweimalig Erkrankter $3,3 \pm 1,45^0/_0$ und mehrmalig Erkrankter $2,6 \pm 1,49^0/_0$.

Aus diesen Ergebnissen läßt sich folgern: *Das Morbiditätsrisiko der Verwandten von Manisch-Depressiven und von Involutionsmelancholikern bleibt immer gleich, unabhängig davon, ob die Probanden eine, zwei oder mehrere Krankheitsphasen erlitten hatten. Einmalig und periodisch Erkrankte bilden also eine nosologische Einheit.* Deshalb läßt es sich erbbiologisch nicht begründen, unter den Involutionsmelancholikern die einmalig Erkrankten nosologisch abzutrennen und die mehrfach Erkrankten dem manisch-depressiven Kranksein zuzuzählen. Vielmehr gehören alle Involutionsmelancholien zu den periodischen Depressionen, die als Untergruppe der manisch-depressiven Erkrankungen eine Sonderstellung einnehmen.

Die Tatsache, daß einmalig und periodisch Erkrankte sich im Morbiditätsrisiko der Verwandten nicht voneinander unterscheiden, kann wohl auch als Hinweis für eine gute Homogenität unserer Diagnosen gelten.

4. Syndromale Diagnose

Bei allen Probanden wurde nach dem zusammen mit BATTEGAY und PÖLDINGER (1964) entwickelten Schema zur elektronischen Bearbeitung antidepressiver Behandlungen ein ausführlicher Psychostatus nach der publizierten Symptomskala erstellt.

Zusätzlich wurde bei jedem Probanden eine doppelte Diagnose gestellt: Die nosologische Diagnose und die Syndrom-Diagnose. Als häufigste Syndrome kommen vor:

1. Gehemmt, apathisch-depressives Syndrom
2. Agitiert, ängstlich-depressives Syndrom
3. Stuporös, ängstlich-depressives Syndrom
4. Hypochondrisches Syndrom.

Auf Grund der syndromalen Gruppierung der Probanden soll die Homogenität unserer Nosologie unter Berücksichtigung des Morbiditätsrisikos der Verwandten geprüft werden. Analoge Teiluntersuchungen stammen von STENSTEDT (1959) und HOPKINSON (1964). STENSTEDT findet unter den Verwandten von agitierten Involutionsdepressiven ein Morbiditätsrisiko von 9,8%, unter solchen von gehemmten Probanden ein Morbiditätsrisiko von 4,6%. Er hält die Differenz statistisch nicht für völlig gesichert, weil sein Zahlenmaterial etwas klein ist. HOPKINSON findet ähnlich unter der Verwandtschaft agitierter Probanden ein signifikant höheres Morbiditätsrisiko als unter derjenigen von gehemmten. Er bezog sich dabei aber auf Probanden mit Erkrankungen vor dem 50. Altersjahr. Es fragt sich somit, ob nicht generell agitierte Probanden in der Verwandtschaft ein höheres Morbiditätsrisiko aufweisen.

Dies scheint tatsächlich der Fall zu sein (siehe Tabelle 61). Bei manisch-depressiven Probanden wie auch bei Involutionsdepressiven findet sich in der Verwandtschaft von agitierten Kranken ein leicht erhöhtes Morbiditätsrisiko sowohl für affektive Psychosen als auch für Schizophrenien. Die Differenzen sind allerdings wegen der kleinen Zahlen nirgends beweisend. Stellt man, unabhängig von der nosologischen Diagnose, gehemmte und agitierte endogen Depressive einander gegenüber, so beträgt das Morbiditätsrisiko von Eltern und Geschwistern der *gehemmten Probanden* für affektive Psychosen (unter Einschluß von Mischpsychosen) 5,1 ± 1,01% (Bz. = 470,5), für Schizophrenien 0,54 ± 0,31% (Bz. = 515,5). Das entsprechende Morbiditätsrisiko der Verwandten von *agitierten* Probanden beträgt für affektive Psychosen 7,4 ± 1,45% (Bz. = 324), für Schizophrenien 1,62 ± 0,66% (Bz. = 370). Auch unser Zahlenmaterial ist zu klein, um wirklich zu signifikanten Unterschieden zu gelangen. Übereinstimmend mit STENSTEDT und HOPKINSON bilden aber auch die vorliegenden Ergebnisse ein weiteres Argument dafür, daß agitierte endogen Depressive gegenüber gehemmten in der Verwandtschaft ein höheres Morbiditätsrisiko aufweisen könnten. Es treten unter den Verwandten aber wahrscheinlich nicht nur vermehrt affektive Psychosen, sondern auch Schizophrenien auf. Entweder ist dabei unsere klinische Abgrenzung der agitierten Depressiven von den Schizophrenen nicht so zuverlässig wie diejenigen der gehemmten, oder es liegt tatsächlich eine kleine Affinität zwischen agitierten Depressiven und Schizophrenen vor.

Depressiv-stuporöse Probanden mit endogenen Depressionen zeigen unter Eltern und Geschwistern bei einer Bezugsziffer von 109 zwei Sekundärfälle mit manisch-depressiven Psychosen, zwei mit Mischpsychosen und einen mit Schizophrenie. Es finden sich somit manisch-depressive Psychosen in 1,8 ± 1,22% bzw. (unter Einschluß der Mischpsychosen) in 3,7 ± 1,78%. Die Schizophrenien sind mit 0,8% nicht häufiger als in der Durchschnittsbevölkerung.

Hypochondrisch-Depressive erweisen sich im ganzen als familiär weniger belastet, doch dürfte dies weitgehend damit zusammenhängen, daß es sich dabei um Probanden handelt, welche spät erkranken (das Krankengut mit hypochondrischen Zustands-

Tabelle 61. *Syndrom-Diagnose der Probanden und Morbiditätsrisiko der Eltern und Geschwister für endogene Psychosen*

Syndrom		Bezugs-ziffer	manisch-depressive Sekundärfälle			Pro-banden Bezugs-ziffer	involutiv-depressive Sekundärfälle			Bezugs-ziffer	Morbiditätsrisiko in Prozent		
			MDP	Misch-psychosen	Schizo-phrenie		MDP	Misch-psychosen	Schizo-phrenie				
Gehemmt-antriebsarm	Eltern	137	6	1	—	60	—	—	—		MDP	4,25	± 0,93
	Geschwister	157	9	1	2	116,5	5	1	1	470,5	MDP + Mischpsychosen	5,1	± 1,01
											Schizophrenien	0,5	± 0,31
Agitiert	Eltern	72,5	6	3	2	61	3	—	—		MDP	6,17	± 1,09
	Geschwister	97	8	—	3	93,75	3	1	1	324	MDP + Mischpsychosen	7,4	± 1,45
											Schizophrenien	1,6	± 0,66
Stuporös-depressiv	Eltern	31	4	—	1	15	—	—	1		MDP	7,6	± 2,77
	Geschwister	20,5	3	—	—	25,25	—	—	—	91,75	MDP + Schizophrenien	1,09	± 1,0
Hypo-chondrisch	Eltern	4	—	1	—	32,5	—	—	—		MDP	1,8	± 1,22
	Geschwister	4,5	—	—	—	67,75	2	1	—	108,75	MDP + Mischpsychosen	3,7	± 1,78
											Schizophrenien	0,8	± 0,8

bildern setzt sich aus zwei manisch-depressiven und aus 19 involutiv-depressiven Probanden zusammen). Späterkrankung ist aber mit spärlichem Vorkommen von affektiven Psychosen in der Verwandtschaft korreliert.

Ein *depressiver Stupor* lag bei 17 manisch-depressiven und bei 9 involutiv-depressiven Probanden vor. In der Verwandtschaft der stuporös-manisch-depressiven Probanden finden wir 13,6% manisch-depressive Psychosen (Bz. = 51,5, Fälle 7). In der Verwandtschaft von stuporösen Involutionsmelancholikern lagen bei einer Bz. von 40 keine Psychosen vor. Nimmt man alle endogenen Depressionen zusammen, so erhalten wir für Eltern und Geschwistern summarisch bei einer Bezugsziffer von 92 und sieben Erkrankungsfällen ein Morbiditätsrisiko für manisch-depressives Kranksein von 7,6 ± 2,77%. Das Morbiditätsrisiko für Schizophrenie beträgt 1,1%.

Im Vergleich zu Gehemmt-Depressiven, die in der Verwandtschaft (Eltern + Geschwister) ein Morbiditätsrisiko von 5,1% zeigen, scheinen stuporös Depressive mit 13,6% in der Verwandtschaft stärker belastet zu sein. Wegen der kleinen Zahlen ist aber der Unterschied statistisch nicht gesichert.

5. Symptomatologie

Die Probanden sollen im folgenden ergänzend zur syndromalen Gliederung auch noch nach einigen wenigen psychopathologischen Symptomen gruppiert werden, um dabei das Morbiditätsrisiko von Eltern und Geschwistern zu prüfen.

a) Suicidalität

Als suicidal gilt ein Kranker, welcher Suicidgedanken äußerte oder einen Suicidversuch unternommen hatte. Diese Probanden werden im folgenden denjenigen gegenübergestellt, bei welchen keine Zeichen von Selbstgefährlichkeit manifest waren. Es soll geprüft werden, ob in der Verwandtschaft beider Gruppen gleich viele Psychosen und im besonderen Suicide zu finden sind.

Die genannte Frage wurde aufgeschlüsselt nach Diagnosen (Involutionsmelancholien, manisch-depressive Psychosen mit zirkulärem bzw. rein depressivem Verlauf) untersucht, wobei nirgends abweichende Resultate zu finden waren.

Wenn man daher alle Probanden dieser Diagnosengruppen zusammenrechnet und die Bezugsziffern der Eltern und Geschwister addiert, erhalten wir die Daten, welche in Tabelle 62 aufgeführt sind. Wir kommen mit dieser Methode zu einem verhältnismäßig großen Zahlenmaterial, das schlüssige Vergleiche erlaubt. Es stellt sich dabei heraus, daß in der Verwandtschaft 1. Grades von suicidalen und nicht-suicidalen Probanden gleich häufig endogene Psychosen (Schizophrenie, affektive Psychosen) vorkommen. Erstaunlich ist im weiteren, daß sich die Suicide in der Verwandtschaft 1. Grades von suicidalen Probanden nicht häufen, obwohl dies eindrucksmäßig bei manchen Sippen der Fall zu sein scheint. Wir haben die Suicide der Verwandten in zwei Gruppen gegliedert:

1. Suicide im Gefolge einer endogenen Psychose,
2. Suicide anderer Genese.

Wenn man die Bezugsziffern, welche sich aus der Anzahl der verstorbenen Verwandten ergeben, den Berechnungen zugrunde legt, so finden wir in der Verwandtschaft der suicidalen Probanden 6% Suicide (3,6% im Gefolge einer Psychose) und unter den Verwandten der nicht-suicidalen Probanden 5% Suicide (ca. 2,4% im

Tabelle 62. *Gruppierung endogen depressiver Probanden nach einzelnen Symptomen und Vorkommen von Psychosen unter Eltern und Geschwistern*

	Bezugs-ziffer	Fälle	Morbiditäts-risiko %		Bezugs-ziffer	Fälle	Morbiditäts-risiko %
a) 172 Probanden mit Suicidalität				*81 Probanden ohne Suicidalität*			
Schizophrenie	874,5	12	1,37 ± 0,39	Schizophrenie	383,7	3	0,78 ± 0,45
Mischpsychosen	874,5	12	1,37 ± 0,39	Mischpsychosen	383,7	4	1,04 ± 0,49
Manisch-depressive Psychosen	778,2	52	6,68 ± 0,89	Manisch-depressive Psychosen	338,7	18	5,31 ± 1,22
Nicht-psychotische Suicide	443,5	11	2,48 ± 0,73	Nicht-psychotische Suicide	206	5	2,43 ± 1,07
Suicide total	443,5	16	3,61 ± 0,88	Suicide total	206	5	2,43 ± 1,07
b) 123 Probanden mit Wahngedanken				*130 Probanden ohne Wahngedanken*			
Schizophrenie	599	6	1,00 ± 0,41	Schizophrenie	582	8	1,37 ± 0,48
Mischpsychosen	599	4	0,67 ± 0,33	Mischpsychosen	582	9	1,55 ± 0,51
Manisch-depressive Psychosen	526	38	7,22 ± 1,13	Manisch-depressive Psychosen	558	31	5,56 ± 1,97
MDP + Mischpsychosen	526	42	7,98 ± 1,18	MDP + Mischpsychosen	558	40	7,17 ± 1,09
c) 132 Probanden mit Schuldinhalten				*121 Probanden ohne Schuldinhalten*			
Schizophrenie	603	9	1,49 ± 0,49	Schizophrenie	578	4	0,69 ± 0,34
Mischpsychosen	603	7	1,16 ± 0,44	Mischpsychosen	578	6	1,04 ± 0,49
MDP	570	41	7,19 ± 1,08	MDP	514	28	5,45 ± 1,00

Gefolge von Psychosen). Es ist also kein Unterschied nachweisbar. Die Tendenz zur
Suicidalität läßt sich somit in der Verwandtschaft von suicidalen Probanden statistisch
nicht als erhöht nachweisen. Zu den gleichen Schlüssen kommt man, wenn diese Frage
in den diagnostischen Untergruppen, die oben erwähnt sind, geprüft wird. Eingeschränkt wird diese Aussage allerdings sehr durch die Tatsache, daß in unsere Untersuchung nur die Verwandten ersten Grades einbezogen sind. Es kann dadurch nicht
geprüft werden, ob nicht unter entfernteren Verwandten von suicidalen Probanden
doch eine gesicherte Häufung der Suicidneigung besteht, wie es z. B. M. Mueller
(1965) für möglich hält. Unsere Aussage gilt nur für die untersuchten Eltern und
Geschwister der Probanden. Eine endgültige Aussage ist nicht möglich.

b) Depressive Wahngedanken

Gliedert man alle endogen depressiven Probanden danach, ob sie an *depressiven
Wahngedanken* litten oder nicht, so zeigt es sich, daß die Eltern und Geschwister
dieser Probanden ein gleich hohes Vorkommen von affektiven Psychosen zeigen.
Probanden mit Wahngedanken zeigen unter Eltern und Geschwistern zusammen
$7,2 \pm 1,13\%$ endogene affektive Psychosen (Bz. = 526, Fälle 38). Rechnet man zu den
Sekundärfällen auch die Mischpsychosen, so erhält man ein Morbiditätsrisiko von
$7,98\%$ (42 Sekundärfälle); das Morbiditätsrisiko für Schizophrenie beträgt dabei
genau 1%.

Probanden ohne depressive Wahngedanken zeigen unter Eltern und Geschwistern
ein Morbiditätsrisiko für endogene affektive Psychosen von $5,5 \pm 0,97\%$ (Bz. = 588,
Fälle 31). Unter Einschluß der Mischpsychosen ist das Morbiditätsrisiko bei 40 Sekundärfällen $7,17\%$.

c) Depressiver Schuldinhalt

Unter 253 endogen depressiven Probanden litten 132 an *depressiven Schuld-
inhalten*. Vergleicht man diese Probanden mit den übrigen 121, welche nicht an
Schuldgefühlen manifest litten, und untersucht man das Morbiditätsrisiko von Eltern
und Geschwistern, so findet man ein gleich hohes Vorkommen von endogenen affektiven Psychosen. Unter den Angehörigen der an Schuldgefühlen leidenden Probanden
kommen $7,2 \pm 1,08\%$ endogen depressive Psychosen vor (Bz. = 570, Fälle 41). Im
Vergleich dazu sind unter Eltern und Geschwistern von Probanden ohne Schuldgefühle
$5,4 \pm 1,0\%$ endogen depressive Psychosen zu finden. Letztere sind also in den Vergleichsgruppen ebenso häufig. Das gleiche gilt auch für Mischpsychosen und Schizophrenien. Mischpsychosen kommen in jeder Gruppe zu 1 bis $1,2\%$, Schizophrenien
zu 0,7 bis $1,5\%$ vor (die an zweiter Stelle genannten Zahlen gelten für die Verwandten von Probanden, welche an Schuldvorstellungen litten).

Auf eine weitere analoge Untersuchung bezüglich einzelner Symptome, wie Agitation, Hemmung, Stupor, wird verzichtet, weil im vorangegangenen Kapitel bereits
eine entsprechende syndromale Analyse erfolgte.

*Im ganzen zeigt es sich, daß die hier geprüften Symptome und Syndrome, ab-
gesehen vielleicht von der Agitation, stets in der Verwandtschaft ein ungefähr gleich
hohes Morbiditätsrisiko für affektive Psychosen aufweisen.* Es gelingt also nicht, auf
Grund einzelner Symptome das Probandengut genetisch weiter zu differenzieren. Dies
kann dahingehend interpretiert werden, daß die in Erwägung gezogenen einzelnen
Symptome diagnostisch alle gleichwertig sind.

6. Körperbau

Gliedert man die endogen depressiven Probanden nach dem Körperbau und prüft das Morbiditätsrisiko von Eltern und Geschwistern, so ergeben sich in der Verwandtschaft von leptosomen und pyknischen Probanden keinerlei signifikante Unterschiede:

Eltern und Geschwister von leptosomen Depressiven zeigen in 8,3 ± 1,45% affektive Psychosen (Bz. = 363, Fälle 25) und in 1,5 ± 0,59% schizophrene (Bz. = 409, Fälle 6).

Pyknische Depressive haben unter den Eltern und Geschwistern zusammen 6,3 ± 1,3% affektive Psychosen (Bz. = 349, Fälle 19) und 0,5 ± 0,35% schizophrene (Bz. = 407, Fälle 2).

Die Differenzen sind nirgends signifikant. Das gleiche gilt für die Häufigkeit von Suiciden und reaktiven Depressionen.

7. Prämorbide Persönlichkeit

Bezüglich der prämorbiden Persönlichkeit werden die Probanden nach ihrer sozialen Auffälligkeit in unauffällige, auffällige innerhalb der Norm und psychopathische Charaktere gruppiert, und es wird das Morbiditätsrisiko unter Eltern und Geschwistern für die endogenen Psychosen untersucht.

Sozial Unauffällige weisen unter Eltern und Geschwistern zusammen 7,4 ± 0,98% affektive Psychosen auf (Bz. = 714,5, Fälle 53). Sozial Auffällige innerhalb der Norm hatten unter den Verwandten 11,0 ± 2,11% affektive Psychosen (Bz. = 236,5, Fälle 26). Die Differenz ist nicht signifikant. *Erstaunlicherweise aber finden sich in der Verwandtschaft von psychopathischen endogen-depressiven Probanden deutlich weniger affektive Psychosen,* und zwar 2,2 ± 1,28 (Bz. = 134, Fälle 3). Der prozentuale Unterschied zwischen sozial auffälligen innerhalb der Norm und psychopathischen Probanden beträgt 8,75, der mittlere Fehler ist 2,41 und wird also durch die Differenz um das 3,6fache überschritten. Der Unterschied ist somit hoch signifikant. Er ist schwierig zu interpretieren und darf nicht überwertet werden: Die Bezugsziffer und die Zahl der Fälle unter den psychischen Probanden ist etwas klein; vor allem aber häufen sich unter den psychopathischen Probanden Schizoide, was eine gewisse Erklärung für den Befund geben könnte. Endogen Depressive mit schizoider Psychopathie würden also in der Verwandtschaft ein herabgesetztes Morbiditätsrisiko für affektive Psychosen aufweisen. In diesem Zusammenhang ist noch bemerkenswert, daß in der Verwandtschaft psychopathischer Probanden kein einziger schizophrener Sekundärfall vorkommt.

Gliedert man die Probanden nach dem Charakter in schizothyme und cyclothyme und letztere in synton-heitere und -schwermütige, so zeigen die Verwandten (Eltern und Geschwister) folgendes Morbiditätsrisiko:

Prämorbid schizothyme Probanden haben unter Eltern und Geschwistern 7,6 ± 1,27% affektive Psychosen (Bz. = 435,5, Fälle 33). Ungefähr gleich viele Psychosen kommen in der Verwandtschaft von prämorbid synton-heiteren Probanden vor: 9,7 ± 1,52% (Bz. = 381, Fälle 37).

Demgegenüber finden sich unter den Verwandten von synton-schwerblütigen Probanden signifikant weniger affektive Psychosen: 3,7 ± 1,48% (Bz. = 162, Fälle 6). Die Differenz zu den synton-heiteren Probanden beträgt 2,8mal den mittleren Fehler.

Dieser Befund steht damit im Einklang, daß synton-heitere Charaktere unter zirkulär erkrankten Probanden, welche an sich ein höheres Morbiditätsrisiko der Verwandten zeigen, gehäuft vorkommen. Erstaunlich ist aber, daß die schizothymen Probanden familiär gleich hoch belastet sind. *Die prämorbide Persönlichkeit scheint im ganzen nur eine äußerst lose und nicht voll geklärte Beziehung zum Vorkommen von Psychosen in der Verwandtschaft aufzuweisen.*

8. Abstammung von psychotischen Eltern

Im folgenden sollen nur die Eltern der 254 endogen depressiven Probanden untersucht werden. Wie schon wiederholt herausgestrichen, finden sich unter den Verwandten männlichen Geschlechts sehr wenige endogene Psychosen. Dies gilt ganz besonders für die Väter unserer Probanden: im ganzen sind nur 8 Väter psychotisch: 1 schizophren, 4 mischpsychotisch und 4 manisch-depressiv (3 davon mit Suicid). Von diesen acht Vätern waren noch zwei mit Frauen verheiratet, welche sicher an manisch-depressiven Erkrankungen gelitten hatten, so daß also (wenn man den schizophrenen Vater nicht berücksichtigt) nur noch 6 Väter übrig bleiben, welche genetisch als Überträger einer Disposition zu endogenen Depressionen in Frage kommen. Der schizophrene Vater war mit einer manisch-depressiven Frau verheiratet, so daß er als Überträger der Anlage ausgeschlossen werden kann.

Im folgenden soll nochmals das Morbiditätsrisiko der Väter demjenigen der Mütter aller endogen depressiven Probanden gegenübergestellt werden. Die Bezugsziffern sind nach STRÖMGREN-SLATER berechnet, wobei angenommen wird, diese könnten auch für Mischpsychosen gültig sein, da sich unter diesen atypische manisch-depressive Psychosen verbergen könnten.

Morbiditätsrisiko für Väter: MDP 1,9 ± 0,95%,

Mischpsychosen 1,9 ± 0,95%,

total MDP + Mischpsychosen 3,8 ± 1,34%;

Morbiditätsrisiko für Mütter: MDP 11,9 ± 2,29%,

Mischpsychosen 2,4 ± 1,09%,

total MDP + Mischpsychosen 14,4 ± 2,48%.

Das Morbiditätsrisiko der Väter weicht somit nicht gesichert von demjenigen der Durchschnittsbevölkerung ab, hingegen ist dasjenige der Mütter signifikant höher: die Mütter erkranken um das 4fache des mittleren Fehlers häufiger als Väter an manisch-depressiven Psychosen und unter Einschluß der Mischpsychosen überschreitet die Differenz den mittleren Fehler um das 3,7fache. P liegt somit unter 0,001.

Es kann als noch nicht gesichert angesehen werden, daß die Anlage zur depressiven Erkrankung überhaupt von Vätern stammen kann. Dies wird um so augenfälliger, wenn man die Diagnosen der psychotischen Väter noch bezüglich der Sicherheit überprüft: es bleiben dann noch zwei Väter übrig, welche sicher an einer manisch-depressiven Psychose gelitten hatten, einer davon ist aber noch mit einer gesichert manisch-depressiven Frau verheiratet. Zwei Väter suicidierten sich wahrscheinlich im Gefolge einer nicht gesicherten endogenen Depression, die übrigen vier Väter litten an sicheren manisch-depressiv-schizophrenen Mischpsychosen.

Es ist in diesem Zusammenhang hervorzuheben, daß unser Probandengut verhältnismäßig wenig Männer und vor allem wenig zirkulär erkrankte umfaßt. Es ist sehr wohl möglich oder sogar wahrscheinlich, daß sich der Geschlechtsunterschied in der Häufung von Psychosen verwischen würde, wenn man vor allem ein zirkulär oder manisch erkranktes Untersuchungsgut überprüfen würde. Hier wären wohl auch unter den Vätern erheblich mehr Psychosen zu erwarten, da ja unter den Verwandten zirkulär erkrankter Probanden gleich viele Männer wie Frauen an affektiven Psychosen erkranken.

Im weiteren soll geprüft werden, ob Probanden, deren Eltern psychotisch waren, unter den Geschwistern ein gleich hohes Morbiditätsrisiko zeigen, wie Probanden mit nicht-psychotischen Eltern. Da unter den Sekundärfällen die Mischpsychosen eine ganz untergeordnete Rolle spielen und keine Schizophrenien vorkommen, sind im folgenden die Prozentzahlen für manisch-depressive Psychosen und Mischpsychosen zusammengerechnet:

Probanden mit
psychotischem Elternteil   Morbiditätsrisiko
Bz. (WEINBERG 17—60)   der Geschwister
    58,5, Fälle 10 $15{,}3 \pm 4{,}71^0/_0$

Probanden mit
nicht-psychotischem Elternteil
Bz. (WEINBERG 17—60)
    548,5, Fälle 34 $6{,}2 \pm 1{,}03^0/_0$

Die Differenz beträgt 9,11, der mittlere Fehler 4,82. Er wird somit nur um das 1,9fache überschritten, *so daß Kinder psychotischer Eltern nicht gesichert häufiger endogen depressiv oder manisch sind als Kinder nicht-psychotischer Eltern.*

Immerhin ist unser Zahlenmaterial so gering, daß dieser Schluß voreilig wäre. Unsere Ergebnisse decken sich aber recht gut mit denjenigen von STENSTEDT (1952), so daß sie kaum zufällig sein dürften.

9. Herkunft aus einem „Broken Home"

Es wird untersucht, ob Eltern und Geschwister von Probanden, die aus äußerlich gestörten Kindheitsverhältnissen stammen, ein unterschiedliches Morbiditätsrisiko aufweisen im Vergleich zu Probanden aus „äußerlich geordnetem" Milieu. Als Kriterien für das „Broken Home" gelten die im Abschnitt VI 10 aufgeführten. Es werden dabei nur Verlust der Eltern, Ehescheidung oder Trennung der Eltern vor dem 15. Altersjahr der Probanden und uneheliche Geburt berücksichtigt. Diese Beschränkung ist aus statistischen Gründen nötig; die Ergebnisse sind entsprechend vorsichtig zu interpretieren. 86 endogen Depressive, deren Familie untersucht werden konnte, stammen aus einem „Broken Home" im genannten Sinne. Ein weiterer Proband mußte ausfallen, da dessen Angehörige nicht erfaßt wurden.

Die Eltern und Geschwister dieser Probanden aus einem „Broken Home" zeigen ein Morbiditätsrisiko für Schizophrenie von $1{,}1 \pm 0{,}55^0/_0$ (Bz. = 362, Fälle 4). Das Morbiditätsrisiko für endogene Depressionen und Manien beträgt $10{,}86 \pm 1{,}76^0/_0$ (Bz. = 313, Fälle 34); schließt man die Mischpsychosen ein, sogar $11{,}50 \pm 1{,}80^0/_0$ (Fälle 36).

Die restlichen 167 Probanden zeigen unter Eltern und Geschwistern ebenfalls ein Morbiditätsrisiko für Schizophrenien von $1{,}22 \pm 0{,}38^0/_0$ (Bz. = 819, Fälle 10). Das Morbiditätsrisiko für endogene Depressionen und Manien beträgt aber nur $4{,}53 \pm$

0,75% (Bz. = 772, Fälle 35); unter Einschluß der 11 Mischpsychosen 5,95 ± 0,85% (total Fälle 46).

Die Differenz im Morbiditätsrisiko für affektive Psychosen beträgt, wenn man die beiden Probandengruppen vergleicht, 5,55, die Standardabweichung ist 2,00. Der mittlere Fehler wird um das 2,8fache überschritten, was signifikant ist.

STENSTEDT (1952) kam bei manisch-depressiven Probanden zum gleichen Ergebnis. *Es kann somit als gesichert gelten, daß Probanden, die aus zerrütteten Kindheitsverhältnissen stammen, sowohl unter Eltern als auch unter Geschwistern ein signifikant höheres Vorkommen von endogenen affektiven Psychosen aufweisen.* STENSTEDT hat sich bereits ausführlich mit den möglichen Gegenargumenten auseinandergesetzt. Er kam zum Schluß, daß die ungünstigen Kindheitsverhältnisse das Morbiditätsrisiko für die Geschwister der Probanden erhöhe. Wir finden im weiteren das gleiche für die Eltern der Probanden, obwohl in den Kriterien für ein „Broken Home" deren Erkrankung an einer Psychose nicht berücksichtigt ist. *Das „Broken Home" der Probanden fördert also nicht nur die Erkrankungswahrscheinlichkeit der Geschwister, sondern auch der Eltern, was ein interessantes Licht darauf wirft, daß die zerrütteten Verhältnisse sich für die ganze Familie schädigend auswirken können. Gewöhnlich wird dabei jedoch nur das Los der Kinder genauer untersucht.*

Der Befund, daß Probanden, welche aus einem „Broken Home" stammen, unter den Verwandten ein signifikant höheres Vorkommen von endogenen affektiven Psychosen — hingegen keine Vermehrung der Schizophrenien — zeigen, wird noch dadurch bedeutungsvoller, als ja früher schon gezeigt werden konnte, daß andererseits gerade Probanden, welche aus einem „Broken Home" stammen, später erkranken als Probanden aus geordneten Verhältnissen, im weiteren aber Späterkrankte wieder ein niedrigeres Morbiditätsrisiko der Verwandten aufweisen. Die Bedeutung der Herkunft aus einem „Broken Home" als krankheitsfördernder ätiologischer Faktor wird dadurch unterstrichen, obwohl ja im gesamten unsere Probanden nicht häufiger aus „Broken Homes" stammen als die Durchschnittsbevölkerung.

10. Exogene Auslösung der Ersterkrankung

Rechnerisch konnten nur grobe phasenauslösende Erschütterungen berücksichtigt werden. Die Gründe sind im Kapitel VII/3 ausgeführt. Gruppiert man die Probanden danach, ob die Ersterkrankung exogen (psycho- oder somatogen) ausgelöst war oder nicht, so ist zum vornherein auf Grund unserer früheren Untersuchung zu erwarten, daß die Gruppe der exogen ausgelösten Erkrankungen in der Verwandtschaft ein niedrigeres Morbiditätsrisiko aufweist. Die Ursache dafür liegt darin, daß mit ansteigendem Erkrankungsalter die Bedeutung exogener Faktoren für die Ätiologie immer gewichtiger wird und daß umgekehrt die familiäre Häufung von Psychosen in der Verwandtschaft statistisch um so kleiner ist, je später die Probanden erkranken. Unsere Berechnungen decken sich denn auch vollständig mit den geschilderten Erwartungen:

Manisch-depressive Probanden, deren Ersterkrankung exogen ausgelöst war, zeigen unter Eltern und Geschwistern zusammen für manisch-depressive Psychosen ein Morbiditätsrisiko von 7,2 ± 1,64% (Bz. = 250). Probanden, deren Ersterkrankung nicht exogen ausgelöst war, zeigen unter Eltern und Geschwistern zusammen ein Morbiditätsrisiko von 12,6 ± 1,91% (Bz. = 301,5). Unter Einschluß der Mischpsychosen beträgt das Morbiditätsrisiko der ersten Gruppe 10,4 ± 1,93%, dasjenige für die zweite Gruppe 11,1 ± 1,81%.

Analoge Resultate ergeben sich bei *Involutionsmelancholien, deren Ersterkrankung exogen ausgelöst war.* So finden sich unter Eltern und Geschwistern zusammen 1,3 ± 0,65% (Bz. = 280). War die Ersterkrankung bei Manisch-Depressiven und Involutionspsychosen nicht exogen ausgelöst, so beträgt das entsprechende Morbiditätsrisiko 4,4 ± 1,54% (Bz. = 180). Mit Einschluß der Mischpsychosen lauten die entsprechenden Zahlen: 2,8 ± 0,98% und 5,0 ± 1,62%.

Rechnet man sämtliche endogen-depressive Probanden zusammen, so beträgt das Morbiditätsrisiko unter Eltern und Geschwistern für manisch-depressive Psychosen von Probanden, deren Ersterkrankung exogen ausgelöst worden war, 9,5 ± 1,34%, unter Einschluß der Mischpsychosen 9,97 ± 1,69%.

Die Differenz der Belastung der Verwandten mit manisch-depressiven Psychosen hält den mittleren Fehler von 1,60 3,2mal aus und ist demnach signifikant. Schließt man die Mischpsychosen in die Berechnung ein, so wird der mittlere Fehler nur um das 1,8fache der Differenz überschritten, dieses Ergebnis ist also nicht signifikant.

Probanden, bei welchen anläßlich der Ersterkrankung ätiologisch exogene Momente (psychogene oder somatogene) eine auslösende Rolle spielten, weisen somit (wie erwartet) unter den Verwandten ein niedrigeres Morbiditätsrisiko für affektive Psychosen auf. Dieser Befund ist aber nicht so zu deuten, daß sich in unserem Untersuchungsgut reaktive und endogene Depressionen mischen würden, sondern er erklärt sich durch die oben geschilderten Zusammenhänge zwischen Ersterkrankungsalter einerseits, Morbiditätsrisiko der Verwandten und ätiologische Bedeutung exogener Faktoren im Alter andererseits.

XIV. Familienuntersuchungen über die Wirkung von Imipramin

1. Therapeutischer Effekt und Familienbild

TSCHUDIN (1958) und DELAY u. Mitarb. (1959) vermuteten, Kranke mit affektiven Psychosen in der Verwandtschaft würden oft besser auf Imipramin ansprechen als Verwandte mit stummer Familienanamnese. Wir sind dieser Frage wiederholt nachgegangen, haben sie an Hand der Wirkung von Imipramin (ANGST, 1961) Amitriptylin, Opipramol und Noveril (ANGST, 1964) geprüft und nie signifikante Unter-

Tabelle 63. *Imipraminwirkung und Morbiditätsrisiko für MDP unter der Verwandtschaft von 108 manisch-depressiven Probanden*

Imipramin	Verwandte	Bezugsziffer (WEINBERG 20—60)	Fälle	Morbiditätsrisiko für MDP in %
erfolreich	Eltern	102,5	12	11,7 ± 3,17
60 Probanden	Geschwister	138,25	17	12,3 ± 2,79
erfolglos	Eltern	85,5	9	10,5 ± 3,31
48 Probanden	Geschwister	96,75	10	10,3 ± 3,24

schiede in den Erfolgsquoten mit den genannten Substanzen bei der Gegenüberstellung von Probanden mit oder ohne affektiven Psychosen unter den Verwandten ersten Grades (Eltern, Geschwister, Kinder) gefunden.

Analog zur Untersuchung von BLEULER (1941) über die Insulinwirkung bei Schizophrenen kann nun das Morbiditätsrisiko der Verwandten bei der Unterscheidung von Probanden, die auf Imipramin resistent waren oder ansprechen, geprüft werden. Unser erster Bericht (ANGST, 1964) wird damit bestätigt (siehe Tabelle 63).

Imipramin-resistente Probanden zeigen unter Eltern und Geschwistern ein ebenso hohes Morbiditätsrisiko für manisch-depressive Psychosen wie Probanden, bei denen die Behandlung erfolglos war. Es besteht also keine Korrelation zwischen Imipramin-Effekt und Morbiditätsrisiko von Verwandten ersten Grades.

Ein anderer Befund hätte sehr überrascht, wäre doch damit das manisch-depressive Kranksein pharmakologisch differenziert und als nosologische Einheit in Frage gestellt worden. BLEULER war 1941 zum gleichen negativen Ergebnis für die Insulinbehandlung bei der Schizophrenie gekommen.

2. Behandlung von depressiven Blutsverwandten

Die interessante Frage, ob depressive Blutsverwandte auf antidepressive Behandlungen gleichsinnig reagieren, bedarf noch ausgedehnter Prüfung und ist vorläufig noch nicht voll geklärt. Die eigenen Untersuchungen, welche eine gewisse Konkordanz vermuten lassen, gehen auf 1959 zurück: 1961 wurde erstmals darüber berichtet. 1961 kamen PARE u. Mitarb. unabhängig zu ähnlichen Resultaten, welche ein familiäres Ansprechen oder eine Resistenz auf MAO-Hemmer oder Imipramin vermuteten.

Die methodischen Schwierigkeiten sind außergewöhnlich: es ist schon schwierig, den Effekt eines Antidepressivums quantitativ zu beurteilen; noch viel schwieriger aber ist es, selektionsfrei ein geeignetes Krankengut zu finden. Die Kranken, deren Umgebung oder deren Untersucher können suggestiven Einflüssen unterliegen, welche einen gleichsinnigen Effekt (Wirkung oder Wirkungslosigkeit) der Therapie bewirken oder vortäuschen. Außerdem ist es nicht leicht, ein geeignetes statistisches Verfahren anzuwenden.

Im folgenden werden die Behandlungsergebnisse mit Imipramin bei 180 depressiven Blutsverwandten aus 90 Familien geprüft.

In Tabelle 64 ist das Untersuchungsgut nach seiner Herkunft gruppiert. Selektionsfrei ist ein Kernmaterial, bei welchem, abgesehen von den Probanden, welche in den Jahren 1959—1963 in die Klinik eingetreten waren, jeweils mindestens ein Blutsverwandter wegen einer Depression, wie der Proband selbst, mit Imipramin behandelt worden war. Dieses Material umfaßt 30 Blutsverwandtenpaare, von welchen 16 an endogenen Depressionen litten; bei den übrigen 14 lautete die Diagnose mindestens eines Patienten der betroffenen Familie auf Mischpsychose oder depressive Schizophrenie. Diese 30 Paare werden noch ergänzt durch 20 weitere, welche z. T. aus unserer Poliklinik oder aus unserer Klinik stammen, jedoch nicht in der ursprünglichen Probandenserie enthalten sind. Einen zweiten großen Teil des Untersuchungsgutes bildet das Material von KUHN aus Münsterlingen, welches mir von ihm in großzügiger Weise zur Verfügung gestellt worden ist. KUHN hat in den letzten Jahren systematisch, meist ambulant, blutsverwandte Depressive mit Imipramin behandelt. Die dritte Gruppe von Kranken setzt sich aus Patienten anderer Kliniken zusammen, vorab des Sanatoriums Hohenegg, Meilen, dessen Chefarzt, Herrn Dr. K. ERNST, für die Überlassung des Materials besonders gedankt sei. Es war hier möglich, alle Aufnahmen der Jahre 1959—1962 zu erfassen. Dieses Krankengut ist also auch weitgehend selektionsfrei.

Es wird darauf verzichtet, die einzelnen Patientengruppen, die oben genannt sind, hinsichtlich der Konkordanz ihres Ansprechens auf Imipramin zu interpretieren, da die Zahlen zu klein sind. Immerhin fällt in der Zusammenstellung auf, daß sich im

Tabelle 64. *Mit Imipramin behandelte Blutsverwandte, geordnet nach dem Selektionsverfahren*

	Therapie-resultate			Therapieresultate paarweise nach Blutsverwandtschaft geordnet					Chi^2	P
	$\frac{+}{a}$	$\frac{o}{b}$	$a+b$	$\frac{++}{c_1}$	$\frac{+o}{c_2}$	$\frac{o+}{c_3}$	$\frac{oo}{c_4}$	Paare total $c_1+c_2+c_3+c_4$		
Gruppe 1 Patienten unserer Klinik	71	29	100	27	11	6	6	50	2,7339	0,20>P>0,10
Gruppe 2 Patienten von R. Kuhn	56	6	62	27	—	2	2	31	11,0557	P < 0,01
Gruppe 3 Patienten anderer Kliniken	14	4	18	6	2	—	1	9		
Total	141	39	180	60	13	8	9	90	12,1291	P < 0,01
Erwartungswerte				55,2	15,3	15,3	4,2			

+ Behandlungserfolg mit Imipramin
o Behandlungsmißerfolg
++ Behandlungserfolg unter 2 Blutsverwandten
+o Diskordanz von 2 Blutsverwandten in der Reaktion auf Imipramin
oo Mißerfolg der Behandlung unter 2 Blutsverwandten

Krankengut von Kuhn außergewöhnlich viele Behandlungserfolge finden und daß somit eine allfällige Diskordanz kaum sichtbar werden kann. Im übrigen Krankengut unserer und der auswärtigen Kliniken finden sich bedeutend mehr Behandlungsversager. Für das gesamte Material läßt sich eine Konkordanz in der Ansprechbarkeit von Blutsverwandten auf Imipramin errechnen, welche nicht mehr zufällig scheint (P < 0,01).

In Tabelle 65 wurden sämtliche Blutsverwandten, nach Diagnosen und Verwandtschaftsgrad geordnet, zusammengestellt. In 63 Familien konnten zwei endogendepressive Blutsverwandte mit Imipramin behandelt werden. 49mal reagierten beide Verwandten gut, sechsmal beide schlecht (55 konkordant) und achtmal sprach der eine Verwandte auf die Behandlung an, der andere aber nicht. Leider ist auch hier das Zahlenmaterial allzu stark zugunsten der Behandlungserfolge verteilt, so daß die diskordanten Paare mit völligen Versagern zahlenmäßig klein sind. Die statistische Berechnung ist darum etwas fragwürdig, weil einzelne Werte unter fünf liegen. Wenn man trotz dieser Bedenken die Zufallswahrscheinlichkeit berechnet, so zeigt es sich, daß Blutsverwandte mit einer Wahrscheinlichkeit von P < 0,001 gleichsinnig auf die Behandlung ansprechen. Ob der Verwandtschaftsgrad dabei eine große Rolle spielt, muß vorläufig noch offen bleiben. Im Gegensatz zu endogen depressiven Blutsverwandten scheinen Blutsverwandte mit Schizophrenie und mischpsychotischen Depressionen eher diskordant auf Imipramin zu reagieren. Die Verteilung von Erfolgen und Mißerfolgen ist hier eine rein zufällige.

In den Tabellen 63—65 wird ein Behandlungserfolg mit +, ein Mißerfolg mit 0 bezeichnet. Die Reaktion von zwei Blutsverwandten wird mit + +, +0, 0+ oder 00 charakterisiert. Als Null-Hypothese gilt die zufällige Verteilung dieser vier Konstellationen von Paaren unter der Annahme, daß die behandelten Patienten nicht

Tabelle 65. *Die Wirkung von Imipramin bei Blutsverwandten*

	Therapie-resultate			Therapieresultate paarweise nach Blutsverwandtschaft geordnet						
	$+$ a	0 b	$a+b$	$++$ c_1	$+0$ c_2	$0+$ c_3	00 c_4	Paare total $c_1+c_2+c_3+c_4$	Chi^2	P
Endogene Depressionen										
Geschwister	39	13	52	17	2	3	4	26		
Eltern u. Kinder	51	1	52	25	—	1	—	26		
Entferntere Verw.	16	6	22	7	1	1	2	11		
Total	106	20	126	49	3	5	6	63	17,5730	$< 0,001$
Depressionen anderer Genese	33	19	52	10	10	3	3	26	4,2107	$< 0,20$

blutsverwandt wären. Die Erwartungswerte können nach dem Binominalsatz $(a+b)^2$ gewonnen werden, wobei a die Erfolge, b die Mißerfolge sind. Dieser Null-Hypothese werden statistisch die tatsächlichen Ergebnisse unter Berücksichtigung der Blutsverwandtschaft gegenübergestellt und mit der Chi^2-Methode berechnet. Herrn Professor Dr. med. D. HÖGGER, Dozent für medizinische Statistik an der Universität Zürich, sei für seine Hilfe an dieser Stelle herzlich gedankt.

Die bisherigen Befunde scheinen etwas darauf hinzuweisen, daß Blutsverwandte tatsächlich die Tendenz hätten, gleichsinnig auf Imipramin anzusprechen. Diese Hypothese ist aber statistisch nicht gesichert und bedarf weiterer Untersuchung. Es soll hier darauf verzichtet werden, über die Erklärung einer allfälligen Gleichsinnigkeit der Wirkung von Imipramin bei Blutsverwandten viel zu spekulieren. An anderer Stelle (ANGST, 1964) wurde schon dargelegt, auf welche Weise eine solche Gleichsinnigkeit zustande kommen könnte. In Frage kommen vor allem Umweltfaktoren, welche unter Blutsverwandten eine Konkordanz bedingen könnten, z. B. durch eine Ähnlichkeit des psychopathologischen Bildes und damit des Ziel-Syndromes, von welchem ja der Behandlungserfolg sehr abhängt, oder von Suggestiv-Faktoren unter Verwandten. Eine Gleichsinnigkeit könnte aber auch — zum Teil wenigstens — genetisch fundiert sein, z. B. durch familiäre Eigenheiten in der Resorption oder im Metabolismus von Imipramin. Letztlich wäre es auch noch möglich, daß es eine Kernform endogener Depressionen geben könnte, welche auf Imipramin besonders gut reagiert. Ein Hinweis dafür könnte in den vielen Mitteilungen über eine besonders gute Wirkung bei „vital-depressiven Verstimmungen" gesucht werden. Atypische Beimengungen wären dann mit schlechterem Ansprechen auf die Behandlung verknüpft.

Alle diese Überlegungen sind aber rein hypothetisch; es kann nur von weiteren Forschungen eine gewisse Klärung erhofft werden. *Im ganzen dürfte eine Gleichsinnigkeit des Ansprechens von depressiven Blutsverwandten auf Imipramin noch keineswegs bewiesen sein; immerhin aber gibt es gewisse Hinweise dafür.*

XV. Diskussion der Ergebnisse und Zusammenfassung

Die vorliegende statistische Untersuchung befaßt sich mit der prämorbiden Persönlichkeit, dem Krankheitsverlauf und der Ätiologie endogen depressiver Psychosen unter Ausschluß der Schizophrenie. Das Schwergewicht liegt auf genetischen Fragestellungen.

Aus den Aufnahmen der Psychiatrischen Universitätsklinik Zürich der Jahre 1959 bis 1963 wurden alle Depressionen psychotischen Grades in die Stichprobe aufgenommen. Sie umfaßt 331 Probanden: Manisch-depressive Psychosen 151, Involutionsmelancholien 102, manisch-depressiv-schizophrene Mischpsychosen 73, senil-arteriosklerotische Depressionen 4.

In die engere genetische Untersuchung sind 326 Probanden, 638 Eltern, 1236 Geschwister, 111 Halbgeschwister, 425 Kinder und 189 Ehegatten, total 2599 Angehörige, einbezogen.

Die Diskussion der wesentlichsten Untersuchungsbefunde geschieht im folgenden unter zwei Perspektiven, wobei die *Nosologie* endogener Depressionen und atypischer depressiver Psychosen sowie die *ätiologische Bedeutung* und die Interaktion von genetischen und peristatischen Momenten im Mittelpunkt stehen. Die Arbeit bedient sich statistischer Methoden, welche wohl genetischen Fragestellungen voll genügen, hingegen bei allgemeinen ätiologischen Betrachtungen gewisse Mängel aufweisen müssen. So war es zum vornherein ausgeschlossen, die ätiologische Bedeutung unbewußter Konflikte, langdauernder Belastungen oder die besondere Verletzlichkeit der Kranken durch scheinbar alltägliche Belastungen in der Untersuchung zu berücksichtigen. Auf diese Aspekte mußte aus methodischen Gründen verzichtet werden; die für die Ätiologie bedeutsamen Befunde stellen somit eine gewisse Auslese dar und erheben keinen Anspruch, den Fragenkomplex völlig zu lösen.

Die *klassische Nosologie*, welche auf Kraepelin zurückgeht, faßt unter den endogenen Psychosen die Schizophrenien und die manisch-depressiven Erkrankungen, ergänzt durch eine Gruppe atypischer Psychosen, zusammen. Die manischen und depressiven endogenen Erkrankungen waren ursprünglich, was ein bedeutender Fortschritt gewesen war, durch J. P. Falret (1851) und M. Baillarger (1854) als Krankheitseinheit zusammengefaßt und später von Meyer (1874) und Kraepelin in die deutsche Nosologie aufgenommen worden. Es wurde dabei die Einheitlichkeit monophasischer oder periodischer manischer Psychosen, manisch-depressiver (cyclischer) Krankheitsverläufe und monophasischer oder periodischer Depressionen angenommen. Höchstens den Spätdepressionen (Involutionsmelancholien) wurde eine gewisse Sonderstellung eingeräumt.

Zweifel an der Einheitlichkeit manischer und depressiver Erkrankungen erhoben vor allem Kleist (1947), Leonhard (1957) und deren Schüler. Es fehlte jedoch an genügenden Beweisen, um die herkömmliche Zusammenfassung all dieser Erkrankungen unter dem Oberbegriff des manisch-depressiven Krankseins ernsthaft zu erschüttern.

Die vorliegende Arbeit versucht, den endogenen monophasischen und periodischen Depressionen eine nosologische Sonderstellung einzuräumen und sie von den cyclischen Psychosen des manisch-depressiven Krankseins zu trennen. Ferner wird die Sonderstellung der Spätdepressionen (Involutionsmelancholien) angezweifelt und deren Zugehörigkeit zu den endogenen monophasischen und periodischen Depressionen für wahrscheinlich erklärt.

Im folgenden sollen die wesentlichsten Befunde bei Probanden, die nur an depressiven Erkrankungen litten und bei Probanden, welche an cyclischen Psychosen erkrankten, einander gegenübergestellt werden. Als erstes seien die *Befunde genannt, welche gegen eine Einheitlichkeit des manisch-depressiven Krankseins im Sinne von* KRAEPELIN *sprechen.*

1. Das Erkrankungsrisiko der Eltern und Geschwister von cyclisch erkrankten Probanden ist höher als dasjenige von rein Depressiven.

2. Das Geschlechtsverhältnis der erkrankten Verwandten cyclischer Probanden ist gleich, d. h. Väter und Mütter, bzw. Brüder und Schwestern erkranken gleich häufig. In der Verwandtschaft depressiver Probanden erkranken signifikant häufiger die Frauen: Väter und Brüder zeigen ein Morbiditätsrisiko von $2,8 \pm 1,25^0/o$, Mütter und Schwestern jedoch ein solches von $16,4 \pm 2,90^0/o$. Die Differenz beträgt das 4,3-fache des mittleren Fehlers ($P < 0,001$)!

3. Verwandte von rein Depressiven erkranken nur ausnahmsweise an manischen oder cyclischen Psychosen; in der Verwandtschaft cyclischer Probanden finden sich gehäuft Depressionen und cyclische Psychosen.

4. Cyclische Erkrankungen zeigen eine kürzere Phasen- und Intervalldauer als depressive Erkrankungen.

5. Die Phasenzahl ist bei cyclischen Erkrankungen höher als bei depressiven.

6. Die prämorbide Persönlichkeit cyclischer Probanden ist häufiger synton (vor allem synton-heiter) und cycloid-psychopathisch. Depressive Probanden sind oft schizothym, selbstunsicher, entäußerungs- und kontaktgehemmt.

7. Cyclische Probanden sind wahrscheinlich häufiger von pyknischem Körperbau als depressive.

Für die Einheitlichkeit cyclischer und depressiver Psychosen können folgende Befunde geltend gemacht werden:

1. In der Verwandtschaft von cyclischen Probanden finden sich nicht so sehr nur cyclische, sondern vor allen Dingen auch rein depressive Erkrankungen.

2. Das Erkrankungsalter ist wahrscheinlich für cyclische und rein depressive Erkrankungen gleich. Dies gilt jedoch nur, wenn man die Spätdepressionen (Involutionsmelancholien) ausschließt!

3. Phasenauslösende Momente sind bei beiden Erkrankungen ungefähr gleich häufig.

Das gewichtigste Argument für die Einheitlichkeit des manisch-depressiven Krankseins im Sinne von KRAEPELIN bildet die Tatsache, daß sich in der Verwandtschaft cyclischer Probanden zahlreiche rein depressive Psychosen finden. Manische und cyclische gegenüber depressiven Sekundärfällen (unter Eltern und Geschwistern) stehen im Verhältnis von 1 : 3. Falls es überhaupt eine einheitliche Anlage zu cyclischen Psychosen gibt, müßte sich diese somit mindestens in drei Vierteln der Fälle als reine Depression manifestieren. Man kann deshalb argumentieren: Reine endogen depressive Erkrankungen stellen nur scheinbar eine Krankheitseinheit dar, denn sie häufen sich in der Verwandtschaft cyclischer Probanden sehr stark.

Die Einheitshypothese bezüglich cyclischer und endogen depressiver Psychosen vermag jedoch die Befunde, welche dagegen sprechen, nicht zu erklären! *Abgesehen vom unterschiedlichen Erkrankungsrisiko der Verwandten stellt die signifikant höhere Gefährdung weiblicher Verwandter depressiver Probanden einen Befund dar, welcher die nosologische Abtrennung nötig macht. Zu diesem genetischen Befund gesellt sich noch die Tatsache, daß sich in der Verwandtschaft rein depressiver Probanden vorwiegend ebenfalls rein depressive und nur ausnahmsweise manische oder cyclische Psychosen finden lassen.*

Angesichts des ins Auge springenden hohen Morbiditätsrisikos depressiver Frauen in der Verwandtschaft depressiver Probanden muß die Möglichkeit einer geschlechtsgebundenen oder geschlechtsbegrenzten Vererbung erwogen werden. Es wäre möglich, daß ein geschlechtsgebundener dominanter x-chromosomaler Erbgang mit unvollständiger Penetranz vorliegt. Die genetische Disposition wäre aber nur eine der Vorbedingungen zur Erkrankung. Im Falle einer geschlechtsbegrenzten Vererbung gewisser depressiver Psychosen müßten diejenigen Sippen, in welchen auch Männer an Depressionen leiden, den cyclischen Psychosen zugeordnet werden; eine geschlechtsbegrenzte Vererbung ist sehr unwahrscheinlich. Das naheliegende und viel zitierte Argument einer manifestationsfördernden und pathoplastischen Wirkung des weiblichen Geschlechts in Richtung auf ein erhöhtes Erkrankungsrisiko der Frauen an manisch-depressiven und vor allem an depressiven Erkrankungen steht im Widerspruch zu unseren Befunden. Diese Hypothese könnte nur stimmen, wenn sich auch in der Verwandtschaft von cyclischen Probanden unter den Frauen ein erhöhtes Morbiditätsrisiko nachweisen ließe. Dies ist nicht der Fall: Die Sekundärfälle verteilen sich hier auf beide Geschlechter symmetrisch.

Ergänzend zum Familienbild gibt es, wie bereits ausgeführt, noch weitere Hinweise, welche die endogenen Depressionen von den cyclischen Psychosen differenzieren. Die Phasendauer beträgt bei cyclischen Psychosen durchschnittlich 6,1, bei periodischen Depressionen 8,8 Monate; die höhere Periodizität cyclischer Verläufe ist auch mit einer kürzeren Intervalldauer und einer erhöhten Phasenzahl pro Patient verknüpft. Eine allgemeine Regel dabei ist, daß sich die Intervalle immer mehr zu verkürzen pflegen; die Phasendauer scheint jedoch bei Erkrankungen unter dem 60. Altersjahr einigermaßen konstant zu bleiben. Sie nimmt sicher nicht zu, hingegen ist es nicht ausgeschlossen, daß sie bei hoher Phasenzahl an Länge etwas abnimmt.

Allgemein bekannt ist es, daß die prämorbide Persönlichkeit Manisch-Depressiver sehr häufig synton (heiter oder schwerblütig) und cycloid psychopathisch ist. Unsere eigenen Untersuchungen bestätigen diesen Befund lediglich bezüglich cyclischer Psychosen. Depressive Probanden sind häufiger schizothym, selbstunsicher, übergewissenhaft, entäußerungs- und kontaktgehemmt; ein ähnlicher Befund ist von Kielholz bei Involutionsdepressionen erhoben worden. Im ganzen deuten unsere Ergebnisse dahin, daß zwar enge Beziehungen zwischen pyknischem Habitus und synton heiterer Persönlichkeit bestehen, daß aber die Korrelation zu den endogenen Depressionen weit geringer ist, als es bis jetzt den Anschein hatte. Endogen Depressive sind auffallend häufig auch leptosom und schizothym. Da sich unsere verschiedenen Probandengruppen aus der gleichen geographischen Gegend rekrutieren, können wohl kaum rassische Unterschiede dafür verantwortlich gemacht werden. An sich ist es zwar so, daß sich in der Schweiz weniger Pykniker finden (worauf schon Kielholz hingewiesen hatte) als in der bayerischen Bevölkerung, von der Kretschmer ausging. Ein allgemein selteneres Vorkommen von Pyknikern müßte sich aber auf depressive wie cyclische Kranke gleichsinnig auswirken, was nicht der Fall ist.

Obwohl heute gewichtige Anhaltspunkte vorliegen, daß monophasische und periodische Depressionen von cyclischen Psychosen auf Grund genetischer Befunde zu trennen sind, ist es klinisch im Einzelfall niemals sicher möglich, die Differentialdiagnose zu stellen. Die Diagnose einer monophasischen oder periodischen endogenen Depression erfolgt stets per exclusionem, wenn keine manischen Phasen zu beobachten sind. Angesichts der Periodizität der Erkrankung wird man aber die Möglichkeit des späteren Auftretens manischer Phasen nie ausschließen können. Zwar folgen im Längsschnitt bei periodischen Depressionen nach mehreren depressiven Phasen nicht besonders häufig manische — das Umgekehrte ist sehr häufig, manische Phasen gehen oft depressiven voran. Wie die Familienuntersuchungen cyclischer Probanden erweisen, finden sich in deren Verwandtschaft viele Depressive, die wahrscheinlich Träger cyclischer Anlagen sind. Die Diagnose einer reinen endogenen Depression kann darum immer nur mit einer gewissen Wahrscheinlichkeit gestellt werden. Positive Hinweise dafür sind ein periodisch depressiver Verlauf und ein Fehlen von manischen bzw. cyclischen Psychosen in der Verwandtschaft. Aber auch so kann das Vorhandensein zirkulärer Anlageträger, die phänotypisch rein depressiv sind, nie ausgeschlossen werden. Endogen Depressive stellen demnach ein heterogenes Krankengut dar, welches klinisch nur schwer weiter differenziert werden kann und das der genaueren Erforschung große Schwierigkeiten bereiten dürfte.

Wir neigen zur Annahme, daß sowohl für die cyclischen Psychosen wie auch für monophasische und periodische Depressionen eine genetische Disposition zur Erkrankung nötig ist, daß es sich aber nicht um die gleiche Anlage handelt. Es wird noch ausgedehnter Untersuchungen bedürfen, die Häufigkeit in der Generationenfolge unter Eltern, Geschwistern und Kindern zu überprüfen. Die meisten bisherigen Untersuchungen sprechen dafür, daß diese Psychosen in allen Generationen gleich häufig vorkommen, was ein starkes Argument für einen dominanten Erbgang mit geringer Penetranz bildet. Das gleiche scheint nach unseren bisherigen Befunden auch für monophasische und periodische Depressionen zu gelten: Mütter und Schwestern erkranken ungefähr gleich häufig. Am wahrscheinlichsten würde es sich um einen dominanten x-chromosomalen Erbgang mit noch geringerer Penetranz als bei cyclischen Psychosen handeln. Es fragt sich, ob nicht die partielle Inaktivität des einen X-Chromosoms bei der Frau (Lyon-Hypothese) mitspielt.

Heute kann noch nicht sicher gesagt werden, ob sich cyclische Psychosen durch Kombination von manischen und depressiven Anlagen bilden. Leider gibt es bis jetzt keine, mit einwandfreier Methodik durchgeführte, genetische Untersuchung über das Familienbild rein manisch erkrankter Probanden. Erst die Erforschung aller drei Gruppen von Erkrankungen (Manien, Depressionen, cyclische Psychosen) dürfte eine gewisse Klärung der Problematik ergeben. Im Sinne der Kombinationshypothese von manischen und depressiven Anlagen bei cyclischen Psychosen würde es sprechen, wenn in der Verwandtschaft manischer Probanden signifikant mehr manische Probanden gefunden würden als in der Verwandtschaft von zirkulären Probanden, und wenn [wie Leonhard (1957) vermutet] das Erkrankungsrisiko der Verwandten manischer Probanden signifikant niedriger wäre als dasjenige zirkulärer Probanden.

Die nosologische Stellung der Involutionsmelancholien (Spätdepressionen) ist bereits Gegenstand zahlloser Untersuchungen gewesen. Schon Kraepelin war sich der Zuordnung nicht völlig sicher. Im folgenden sollen nur die eigenen Befunde beim Vergleich der Spätdepressionen mit den monophasischen und periodischen Depressionen, welche gewöhnlich dem manisch-depressiven Formenkreis zugeordnet werden, ausführlicher diskutiert werden.

Befunde, welche gegen die Einheitlichkeit depressiver Psychosen des manisch-depressiven Formenkreises im Sinne von KRAEPELIN *und der Spätdepressionen (Involutionsmelancholien) sprechen:*

1. Das Morbiditätsrisiko der Verwandten von Spätdepressiven ist bezüglich endogener Psychosen deutlich niedriger als dasjenige der anderen endogen (monophasisch und periodisch) Depressiven.

2. In der Verwandtschaft von Spätdepressiven sind manische und cyclische Psychosen ziemlich selten.

3. Phasen- und Intervalldauer sind bei Spätdepressionen länger.

4. Die Phasenfrequenz ist bei Spätdepressionen niedriger als bei periodischen Depressionen, die vor dem 50. Altersjahr auftreten. Das psychopathologische Bild der Spätdepressionen (Involutionsmelancholien) ist häufig durch Angst, Agitation, Hypochondrie, Verarmungsinhalte und Wahnvorstellungen geprägt (oft findet man aber auch gehemmt-depressive Syndrome, wie SJÖGREN 1954 zu Recht betont hat).

5. Involutionsdepressive sind prämorbid häufiger schizoide Psychopathen als Depressive des manisch-depressiven Formenkreises. Im ganzen scheinen jedoch Involutionsmelancholiker prämorbid eher unauffälliger zu sein als manisch-depressive Probanden.

6. Involutionsdepressionen sind statistisch signifikant häufiger durch körperliche oder seelische Erschütterungen ausgelöst.

Befunde, welche für die Einheit der Spätdepressionen (Involutionsmelancholien) und depressiver Psychosen des manisch-depressiven Formenkreises nach KRAEPELIN *sprechen:*

1. Das Morbiditätsrisiko der Verwandtschaft sinkt, korreliert zum Erkrankungsalter der Probanden, allgemein bei depressiven Psychosen. Auch cyclische Probanden, die spät erkranken, zeigen in der Verwandtschaft ein niedrigeres Erkrankungsrisiko als früh Erkrankte.

2. In der Verwandtschaft von Spätdepressiven finden sich zwar verhältnismäßig selten endogene Psychosen, unter denselben aber noch am häufigsten Spätdepressionen und monophasische und periodische Depressionen, welche vor dem 50. Altersjahr begannen.

3. In der Verwandtschaft von endogen depressiven Probanden, welche in jüngeren Jahren (d. h. vor dem 50. Altersjahr) erkranken, sind $^1/_3$ der Sekundärfälle als Spätdepressionen (Involutionsmelancholien) zu diagnostizieren!

4. Unter den erkrankten Verwandten von Spätdepressiven überwiegen (wie unter denjenigen von Frühdepressiven) die Frauen.

5. Einphasische und mehrphasische Erkrankungen in der Involution zeigen in der Verwandtschaft das gleiche Morbiditätsrisiko. Periodische Spätdepressionen (Involutionsmelancholien) können daher genetisch nicht von monophasischen getrennt werden.

6. Manische und cyclische Sekundärfälle sind unter den Verwandten von Spätdepressiven wie auch unter den Verwandten von Frühdepressiven selten.

7. Die längere Phasen- und Intervalldauer der Spätdepressionen kann Altersveränderungen zugeschrieben werden.

8. Gewisse Besonderheiten des psychopathologischen Bildes dürften ebenfalls durch die Pathoplastik des Alters erklärbar sein.

9. Die Häufung exogen auslösender Momente bei Spätdepressionen korrespondiert mit einer geringeren Penetranz der Anlage. Damit zusammenhängen mag auch

die Tatsache, daß die prämorbide Persönlichkeit von Spätdepressiven oft relativ unauffällig ist.

Die geläufigen bisherigen Untersuchungen über die nosologische Zugehörigkeit der Involutionsmelancholien bezogen sich auf die Frage, ob eine Abtrennung von manisch-depressiven Psychosen erforderlich sei oder nicht. Diese Fragestellung führte bis jetzt nie zu sicheren Schlüssen, weil sie die manisch-depressiven Psychosen zu wenig differenziert. Das Problem gliedert sich in 2 Fragen:

1. besteht erbbiologisch und klinisch eine Verwandtschaft zwischen Spätdepressionen (Involutionsmelancholien) und cyclischen Perioden, oder

2. besteht eine Verwandtschaft zwischen Spätdepressionen (Involutionsmelancholien) und Früherkrankungen an monophasischen oder periodischen Depressionen?

Die erste Frage läßt sich auf Grund unserer Befunde mit großer Wahrscheinlichkeit beantworten:

Es bestehen kaum Anhaltspunkte für eine Verwandtschaft von manischen und cyclischen Psychosen einerseits und Involutionsmelancholien andererseits. In der Verwandtschaft von Involutionsmelancholikern werden äußerst selten manische oder cyclische Psychosen gefunden; zudem sind die Sekundärfälle (soweit es auf Grund unseres beschränkten Erfahrungsgutes festzustellen ist) bei Frauen ungefähr dreimal häufiger als bei Männern. Der gleiche Befund wurde bekanntlich von uns bei monophasisch und periodisch auftretenden endogenen Depressionen beobachtet, die bis anhin dem manisch-depressiven Formenkreis zugeordnet wurden. Die Interpretation und Wertung all unserer Befunde ist teilweise eine Ermessensfrage. Sie scheinen im ganzen eher für den *fließenden Übergang von endogenen monophasischen und periodischen Depressionen (die früher dem manisch-depressiven Kreis zugeordnet wurden) und den Spätdepressionen (Involutionsmelancholien) zu sprechen.* Die meisten Argumente für eine Sonderstellung der Involutionsmelancholien können auf die Pathoplastik des Alters reduziert werden (LUNN, 1961). *Eine nosologische Sonderstellung der Involutionsmelancholien scheint uns nicht positiv beweisbar.* Wir nennen sie deshalb besser *Spätdepressionen,* analog zu den Spätschizophrenien, und wollen damit andeuten, daß sie den endogenen monophasischen und periodischen Depressionen zuzuordnen sind. Die schließt nicht aus, daß man sie wie Spätschizophrenien gesondert diagnostiziert, da auf diese Weise die Pathoplastik des Alters berücksichtigt wird. Letztere zeigt sich vor allem in der besonderen Färbung des psychopathologischen Bildes, in einer Verlängerung der Phasen- und Intervalldauer und in einer Häufung exogen auslösender Momente. Nicht zu bezweifeln ist es auf Grund der Befunde von STENSTEDT (1959) und uns, daß *keinerlei Verwandtschaft zwischen Spätdepressionen (Involutionsmelancholien) und der Schizophrenie* besteht, wie von KALLMANN angenommen worden war. Schizophrenien sind unter den Verwandten von Involutionsmelancholikern im Vergleich zur Durchschnittsbevölkerung mit Sicherheit nicht gehäuft.

Noch weitgehend ungeklärt ist die *nosologische Stellung der manisch-depressiv-schizophrenen Mischpsychosen.* Um das endogen depressive Untersuchungsgut nicht zu eng auszuwählen, wurden Probanden, welche an phasisch verlaufenden, voll remittierenden, atypischen Psychosen litten, in die Arbeit einbezogen. Dies geschah besonders auch deshalb, weil methodisch eine ähnliche Untersuchung bis jetzt nicht durchgeführt worden ist. Um die nosologische Stellung der Mischpsychosen zu ergründen, bedarf es wohl vielschichtiger Forschungen bezüglich des Verlaufs, vor allem aber auch des Familienbildes. Unter den 73 Probanden (15 Männer, 58 Frauen) erwies sich der phasenhafte Verlauf im Vergleich zu periodischen Depressionen oder cyclischen (manischen und depressiven) Verläufen als sehr bemerkenswert. Mischpsychosen zeigen durchschnittlich die kürzesten Phasen (5,5 Monate); die Intervalldauer nimmt vom ersten Intervall mit 9,3 Jahren zum vierten Intervall mit 1,7 Jahren dauernd ab und beträgt im Mittel 4,2 Jahre. Die Intervalle sind also im Mittel etwas länger als die Intervalle cyclischer Psychosen, jedoch bedeutend kürzer als diejenigen der periodischen Depressionen. Da der Erkrankungsbeginn zeitlich ungefähr demjenigen der Schizophrenie entspricht, erkrankt der Mischpsychotische durchschnittlich früher als der periodisch Depressive. Mischpsychotiker haben daher eine sehr hohe Aussicht, an vielen Phasen zu erkranken. Durchschnittlich fanden wir 4,5 Phasen auf einen Probanden.

Neben den genannten Befunden gibt es noch andere, welche auf die Sonderstellung der Mischpsychosen zwischen manisch-depressiven Psychosen und Schizophrenien hinweisen. Die prämorbide Persönlichkeit mischpsychotischer Probanden ist, im Gegensatz zu derjenigen von Manisch-Depressiven, meist schizothym und selten synton. Mischpsychotiker sind prämorbid auch sozial viel häufiger auffällig. Es finden sich darunter 11% schizoide Psychopathen.

Beleuchtet wird die Sonderstellung der Mischpsychosen (atypische Psychosen), welche wahrscheinlich diagnostisch ein heterogenes Krankengut darstellen, vor allem durch genetische Untersuchungen an Eltern und Geschwistern. Allgemein ist hervorzuheben, daß unter den Eltern endogene Psychosen in 11,8% und unter den Geschwistern in 13,8% zu finden sind. Charakteristisch ist dabei, daß alle drei Psychosenformen (Schizophrenien, MDP, atypische Psychosen) bei Eltern und bei Geschwistern gegenüber der Durchschnittsbevölkerung gehäuft vorkommen. Es wäre jedoch kurzschlüssig, diesen Befund dahingehend zu interpretieren, daß atypische Psychosen genetisch eine sichere Mittelstellung zwischen Schizophrenien und manisch-depressiven Psychosen einnähmen. Voraussetzung dazu wäre die Homogenität des Untersuchungsgutes in diagnostischer Hinsicht. Diese kann aber niemals vorausgesetzt werden, sondern umgekehrt ist zu fordern, daß mit allen möglichen Methoden nach einer Heterogenität gesucht werden muß. Klinisch drängt sich dabei einerseits die *psychopathologische Differenzierung,* wie sie z. B. durch die Kleistsche Schule versucht worden ist, *und die Differenzierung auf Grund des Verlaufes* auf. In unser Krankengut sind Motilitätspsychosen und Verwirrtheitspsychosen nach KLEIST nicht einbezogen. Berücksichtigt wurden Psychosen, welche im Längsschnitt neben rein manischen oder rein depressiven auch schizophrene Phasen aufwiesen oder welche im Querschnitt eine Mischung von manischen, depressiven und vereinzelten schizophrenen Symptomen zeigten, wobei letztere aber völlig im Hintergrund standen und die Krankheit einen völlig remittierenden Verlauf nahm. Die Gliederung geschieht somit auf Grund des Krankheitsverlaufes. Bisher wurden in der Literatur vor allem Krankheitsverläufe beschrieben, welche als endogen manische oder depressive begannen und als schizophrene endeten. 18 Probanden, welche an einer derartigen Psychose litten, und 32 Probanden, deren Phasen im Querschnitt eine Mischung von manisch-depressiven und schizophrenen Symptomen zeigten, erwiesen sich auf Grund des Familienbildes als nosologisch nahe verwandt. In erster Linie waren unter den Blutsverwandten ersten Grades (Eltern, Geschwister, Kinder) die Schizophrenien mit 6,2—7,8% erhöht. Mischpsychosen kommen unter den Verwandten selten vor, manisch-depressive Psychosen sind etwas vermehrt.

Eine gewisse Sonderstellung scheint nosologisch denjenigen Mischpsychosen zuzukommen, die in den ersten Phasen eine schizophrene (meist katatone) Symptomatik aufwiesen und in späteren rein manischen und depressiven Phasen verliefen. In der Verwandtschaft ersten Grades dieser 23 Probanden finden sich Schizophrenien mit 7,1%, manisch-depressive Psychosen mit 5,6% und Mischpsychosen mit 6,5% ungefähr gleichmäßig vermehrt. Diese Krankheitsgruppe scheint als einzige erbbiologisch zwischen der Schizophrenie und den manisch-depressiven Erkrankungen eine gewisse Mittelstellung einzunehmen. Es fällt dabei auch auf, daß diese Probanden in der Verwandtschaft im Vergleich zu unserem übrigen Krankengut das höchste Morbiditätsrisiko mit 19% der Eltern, Geschwister und Kinder für endogene Psychosen aufweisen. Es wäre somit durchaus denkbar, daß sich hier Anlagen zur Schizophrenie und zu manisch-depressiven Erkrankungen kombinieren. Diese Hypothese würde sowohl die besondere Häufigkeit der Psychosen als auch deren gemischtes Vorkommen erklären.

Von besonderem Interesse ist auch die Untersuchung der Sekundärfälle mischpsychotischer Probanden unter den Verwandten. Psychosen, welcher hier als Schizophrenien diagnostiziert wurden (im ganzen 27), zeigten auffallend häufig einen gutartigen, phasenhaften Verlauf, wobei oft die Differenzierung zwischen Katatonien, Depressionen, Erregungen, Verwirrungen und manischen Psychosen schwerfiel. Zum Teil wurden Motilitätspsychosen diagnostiziert. Es könnte daraus auch vermutet werden, daß es bestimmte Unterformen (Randformen) der Schizophrenien gibt, die besonders gutartig verlaufen und in ihrer Atypie einen fließenden Übergang zu den manisch-depressiv-schizophrenen Mischpsychosen aufweisen. Periodische Katatonien sind darunter besonders häufig.

Unsere Untersuchung bezüglich der Mischpsychosen kann lediglich einige Fragen aufwerfen und keine sicher beantworten. Sie mag dazu anregen, weitere Familienforschungen, welche das Problem etwas klären können, mit einwandfreier Methodik zu untersuchen. Den Ausgangspunkt der Untersuchungen sollten in Zukunft nicht nur Homogenitätsprüfungen auf Grund des Verlaufes, wie sie von uns angestellt wurden, bilden, sondern ebenso sehr Untergruppierungen auf Grund der psychopathologischen Syndrome, wie sie von KLEIST und LEONHARD entwickelt wurden.

Beschränkt ist auch unser Beitrag zur *Ätiologie endogen depressiver Psychosen*. Die Untersuchungsergebnisse sprechen am ehesten für eine multifaktorielle Verursachung der endogenen Depressionen, ohne daß allerdings eine eigentliche statistische Faktorenanalyse durchgeführt werden konnte. Wie schon erwähnt, entzogen sich feinere psychologische Veränderungen, Konflikte, unbewußte Entwicklungen usw. der statistischen Bearbeitung. Es wurde lediglich versucht, unter den *peristatischen Momenten* zwei Gruppen zu erfassen:

a) Die Häufigkeit phasenauslösender somatischer Erkrankungen oder psychischer Erschütterungen.

b) Die Häufigkeit und Bedeutung eines broken home bis zum 15. Altersjahr des Probanden (wobei letzteres durch Tod eines der Eltern, Trennung oder Scheidung der Eltern oder uneheliche Geburt definiert wurde).

Der *endogene Faktor* der Erkrankungen wurde in herkömmlicher Weise auf Grund der Häufung endogener Psychosen in der Verwandtschaft ersten Grades untersucht.

Eine spezifische Ursache konnte mit der beschriebenen Methode nicht gefunden werden. Vielmehr spricht alles dafür, daß den einzelnen Faktoren in jedem Krankheitsfall eine unterschiedliche pathogenetische Bedeutung zukommt. Schon aus der Literatur geht hervor, daß körperliche und psychische Erschütterungen bei der Ersterkrankung in sehr wechselndem Maße auslösend wirken. Die großen Divergenzen von Untersucher zu Untersucher dürften methodisch bedingt und wesentlich auch durch die Erwartungen mitbestimmt sein. In unserem Krankengut fanden sich unabhängig von der feineren nosologischen Zuordnung in 10⁰/o der Ersterkrankungen sowohl bei Männern wie bei Frauen *körperliche Erkrankungen, die phasenauslösend zu sein schienen.* Diese umfassen eine Vielfalt von körperlichen Affektionen, Verletzungen, Infektionskrankheiten, Operationen u. a. Wenn man zu den körperlichen Erschütterungen die endokrinen Umstellungen (Menarche, Geburten, Menopause) rechnet, so erhöht sich der entsprechende Prozentsatz bei Frauen von 10 auf total 26⁰/o.

Die *psychischen phasenauslösenden Momente* stechen ebenfalls durch ihre Häufigkeit und Vielfalt hervor. Ersterkrankungen schienen in 29⁰/o psychisch ausgelöst. Der Verlust eines Angehörigen spielt dabei unter den Frauen eine besondere Rolle (er dürfte auf Grund der längeren Lebensdauer der Frauen und des jüngeren Heiratsalters unter Frauen generell eine höhere Bedeutung haben). Wohnsitzwechsel, welche heute oft ein schweres psychisches Trauma bedeuten, und erotische Konflikte (z. B. sexuelle Untreue des Partners) spielen bei beiden Geschlechtern eine gleich große krankheitsauslösende Rolle. Das weibliche Geschlecht erkrankt häufiger als das männliche nach körperlichen oder seelischen Erschütterungen, der Unterschied kommt aber weitgehend durch die Bedeutung der endokrinen Krisen für die Frau zustande.

Somatische und psychische Mitursachen scheinen allein schon nach unserer groben statistischen Untersuchung in der Ätiologie endogener Depressionen eine wichtige, wohl manchmal unterschätzte Rolle zu spielen. In der Hälfte der Ersterkrankungen lassen sich zusammengefaßt phasenauslösende Erschütterungen nachweisen, wobei allerdings zu berücksichtigen ist, daß in unserem Krankengut die Frauen überwiegen. Phasenauslösend scheinen in 10⁰/o somatische Erkrankungen, bei Frauen zusätzlich in 17,6⁰/o endokrine Krisen und bei beiden Geschlechtern in 29⁰/o psychische Erschütterungen. In vielen Fällen wirken 2 oder mehr Faktoren zusammen. Es besteht jedoch kein Zweifel darüber, daß feinere Untersuchungen psychogenetischer Faktoren (vor allem langdauernder emotioneller Konflikte) die reine endogene Natur der Erkrankungen noch viel stärker in Frage stellen würden. *Psychogenetische Faktoren und somatische auslösende Erschütterungen sind unseres Erachtens bei der Genese endogener Depressionen von sehr großer Bedeutung. Es wäre jedoch völlig falsch, deswegen die endogene Komponente der Krankheit zu übersehen. Gewichtige Argumente für die Endogenität bilden:*

    a) der meist fehlende Zusammenhang zwischen dem psychologischen Bedeutungsgehalt der emotionellen phasenauslösenden Erschütterung und dem Inhalt der Psychose,

    b) die Diskrepanz zwischen der Vielfalt der phasenauslösenden äußeren Faktoren und der Uniformität, ja oft Monotonie, des psychopathologischen Bildes,

    c) das häufige Fehlen von phasenauslösenden Erschütterungen,

    d) die Periodizität der Erkrankung,

    e) die familiäre Häufung dieser Psychosen.

Bei periodischen Krankheitsverläufen spielen phasenauslösende Faktoren in den späteren Phasen eine geringere Rolle. In den ersten 3 Krankheitsphasen fanden wir

60, 52, 55% derselben exogen ausgelöst; spätere Phasen jedoch nur noch zu 26%!
Methodische Einwände, wie z. B. derjenige, daß bei späteren Erkrankungen seitens
der Kranken, Angehörigen und Ärzte weniger auf exogene Momente geachtet werde,
wurden weitgehend ausgeschaltet. Es scheint, daß in den ersten Phasen mit stets sich
verkürzenden Intervallen die exogenen Auslösungen für den Zeitpunkt der Erkrankung sehr wichtig sind, daß sich dann aber für die späteren Phasen eine — meist
individuelle — Periodizität bei oft ziemlich konstant bleibenden Intervallen bildet.
Ist einmal die beschriebene, ziemlich regelhafte Periodizität eingetreten, so bedarf
es höchstens noch Belastungen durch Alltagserlebnisse, um die Wiedererkrankung in
Gang zu bringen. Sehr häufig geht damit eine emotionelle Instabilität der Persönlichkeit auch in den Intervallen einher, welche darauf hinweist, daß eine restitutio ad
integrum nicht mehr erreicht worden ist.

Gemeinhin wird angenommen, endogene Psychosen müßten, um psychogenetisch
erklärbar zu sein, bereits auf eine frühkindliche Fehlentwicklung zurückzuführen sein.
In unserem Krankengut fiel auf, was allgemein bekannt ist, wie lebenstüchtig und
prämorbid unauffällig endogen Depressive oft sind. Dies gilt im besonderen für Spätdepressive (Involutionsmelancholiker). Da eine gestörte Kindheitsentwicklung oft
auf ein sogenanntes *broken home* zurückgeführt wurde, haben wir die Häufigkeit
desselben bei endogen Depressiven mit der Durchschnittsbevölkerung verglichen. Es
zeigt sich dabei, daß gegenüber der letzteren keine signifikante Differenz besteht.
Zum gleichen Schluß kommt eine durch HICKLIN durchgeführte Studie an früh
erkrankten schizophrenen Männern. Unter unseren endogen Depressiven stammen
33,7 ± 2,6% aus einem broken home. Diese Zahlen, wie die Befunde von HICKLIN,
an Schizophrenen und anderer Untersucher an Alkoholikern und Neurotikern, liegen
alle in einem Bereich, der wahrscheinlich der Durchschnittsbevölkerung entspricht.
Die auffallend gleich hohe broken home-Konstellation bei den verschiedensten psychiatrischen Erkrankungen deutet wiederum auf deren Unspezifität, wenn nicht gar
Bedeutungslosigkeit hin. Das häusliche Milieu unserer Depressiven war in der Kindheit auch nicht besonders häufig durch *Alkoholismus des Vaters* überschattet. 21% der
Väter waren Alkoholiker. In unserem Krankengut war der Alkoholismus des Vaters
bei allen untersuchten Probandengruppen (Spätdepressive, Mischpsychotische, endogen
Depressive) gleich häufig. Methodisch gleich durchgeführte Untersuchungen von ERNST
(1965) an den Vätern von Neurotikerinnen, die Arbeiten von M. BLEULER und AMARK
an den Vätern von Alkoholikern, kommen zu Ergebnissen, die statistisch von den
unseren nicht differieren. Der häufige Alkoholismus des Vaters scheint wiederum ein
unspezifischer, möglicherweise sogar der Durchschnittsbevölkerung entsprechender
Befund zu sein.

Wie schon dargelegt, deuten zahlreiche Befunde auf die Endogenität, d. h. Nicht-
erklärbarkeit durch bekannte Ursachen, der sogenannten endogenen Depressionen
hin. Im Vordergrund stehen dabei die genetischen Befunde, welchen aber selbstverständlich nicht letzte Beweiskraft zukommt, da eine familiäre Häufung eine Vererbung noch nicht beweist. Die meisten der bisherigen genetischen Untersuchungen
von manisch-depressiven Psychosen oder Involutionsmelancholien unterließen eine
Korrelation der genetischen Befunde mit Umweltfaktoren, z. B. mit phasenauslösenden Momenten oder einer broken home-Konstellation. Methodisch ist das Problem
besonders schwierig, da die Interaktion der unbekannten endogenen Anlagen mit
den unspezifischen Milieufaktoren nicht direkt zugänglich ist. Von gewisser Bedeutung

scheint methodisch die Berücksichtigung des Ersterkrankungsalters zu sein. Unsere Befunde deuten wenigstens darauf hin, daß eine enge Korrelation zwischen dem Erkrankungsalter der Probanden und der Häufung von endogenen Psychosen in der Verwandtschaft besteht. Früh erkrankende Probanden zeigen in der Verwandtschaft ein signifikant höheres Morbiditätsrisiko als spät erkrankende. Reziprok finden sich bei Späterkrankungen statistisch signifikant häufiger das Vorkommen eines broken home in der Kindheit und das Vorkommen phasenauslösender Erschütterungen. Bei *früh erkrankenden Probanden spielt die Penetranz der Anlage eine besondere Rolle, während Umweltfaktoren in ihrem Einfluß eher zurücktreten. Bei Späterkrankungen ist es umgekehrt vielfach nötig, daß Umwelterschütterungen der Krankheitsanlage, welche sich über Jahrzehnte nicht manifestierte, zum Durchbruch verhelfen.*

Auf den ersten Blick scheint es unerklärlich, weshalb unter Späterkrankten äußerlich schwer gestörte Kindheitsverhältnisse gehäuft vorkommen. Kurzschlüssig würde man annehmen, daß eine grob gestörte Familienatmosphäre in Form eines broken home eher zu einer Früherkrankung disponieren würde. Es scheint in Wirklichkeit aber vielmehr so zu sein, daß eine größere Zahl von Früherkrankungen wegen der Penetranz der Anlage auch ohne zerrüttete Kindheitsverhältnisse zustande kommen. Ist die Anlage aber weniger penetrant, d. h. lassen sich in der Verwandtschaft statistisch weniger endogene Psychosen nachweisen, so gewinnen im Laufe des Lebens die peristatischen Momente an ätiologischer Gewichtigkeit. Die Erschütterung in der Kindheit durch ein broken home mag dabei im Vollbesitz der Kräfte zwischen dem 20. und 50. Altersjahr kompensiert bleiben und sich erst in der Involution im Zusammenwirken mit neuen äußeren Erschütterungen als alte Narbe und schwache Stelle auswirken und die Krankheit in Gang zu bringen verhelfen. Gegenüber dieser Interpretation läßt sich aber ein Einwand nicht völlig ausschließen, der dahingeht, daß andere Faktoren für die Differenz der Häufigkeit des broken home zwischen spät und früh Erkrankten mitspielen. Es könnte z. B. so sein, daß das broken home in den Jahren 1890 bis 1905, in welchen die meisten unserer Involutionsmelancholiker ihre Kindheit verlebten, häufiger war als in den späteren Jahrzehnten. Dieser Einwand kann vorläufig nicht entkräftet werden. Auch wenn er gelten würde, wäre auf Grund der vorgefundenen reziproken Korrelation zwischen der hereditären Belastung einerseits und der Häufung phasenauslösender Momente andererseits in Beziehung zum Ersterkrankungsalter die Interaktion von Anlage und Umwelt trotzdem deutlich.

Abschließend sind noch einige *weitere Resultate der genetischen Untersuchung* zu erwähnen. Unter den Blutsverwandten endogen Depressiver (Eltern, Geschwister, Kinder) weicht das Morbiditätsrisiko für Schizophrenie, Epilepsie, Oligophrenie, Psychopathie und Alkoholismus von der Durchschnittsbevölkerung nicht ab. Einzig in der Verwandtschaft von Mischpsychotikern sind Schizophrenien deutlich gehäuft. Ferner finden sich unter Eltern und Geschwistern endogen Depressiver mit 4,5% auffallend oft senile und arteriosklerotische Demenz. Ob dieser Befund zufällig ist, bleibt offen. Die Beziehungen zwischen endogenen Depressionen und Alkoholismus werden durch manche Autoren wohl etwas zu stark hervorgehoben. Während endogene Psychosen sich in der Verwandtschaft unserer endogen Depressiven auf Eltern, Geschwister und Kinder prozentual gleich verteilen, bestehen bezüglich des Alkoholismus signifikante Unterschiede. Brüder und Schwestern sind im Vergleich zu Vätern und Müttern viel seltener alkoholkrank. Die Töchter von Alkoholikern heiraten (wie allgemein bekannt) signifikant gehäuft einen trunksüchtigen Mann.

Neben den endogenen Psychosen finden sich in der Verwandtschaft endogen Depressiver sowohl depressive Reaktionen als auch depressive Charakterentwicklungen unter Eltern (7%) und Geschwistern (10%) gehäuft. Ob es sich dabei um Erkrankungen handelt, welche die gleiche Pathogenese aufweisen wie die endogenen Depressionen, muß dahingestellt bleiben. Das Vorkommen von Suiciden (ohne manifeste Psychose) unter den Geschwistern und Eltern der Probanden ist ungefähr gleich hoch und verteilt sich auf beide Geschlechter gleich.

Eine Korrelation der familiären Belastung mit klinischen Merkmalen ergibt folgende Resultate:

a) Einmalig oder periodisch erkrankende Probanden zeigen in der Verwandtschaft dasselbe Morbiditätsrisiko. Dies gilt im besonderen auch für Spätdepressionen (Involutionsmelancholien). Einphasische Involutionsmelancholien lassen sich daher genetisch von periodischen nicht differenzieren.

b) Nach der Symptomatologie analysiert, zeigen nur die Verwandten von Hypochondrisch-Depressiven ein niedrigeres und diejenigen von Agitiert-Depressiven ein etwas höheres Morbiditätsrisiko für endogene Psychosen. Weitere Untersuchungen in dieser Frage sind nötig.

c) Die Suicidhäufigkeit ist unter Eltern und Geschwistern von suicidalen und nichtsuicidalen Probanden gleich hoch. Dies schließt jedoch nicht aus, daß es Sippen gibt, in denen sich der Suicid auffällig häuft. Möglicherweise läßt sich eine derartige Häufung statistisch nicht so sehr bei Verwandten ersten Grades als bei entfernteren nachweisen; diese sind durch unsere Untersuchung nicht erfaßt worden.

c) Prämorbid psychopathische und synton-schwerblütige Probanden weisen familiär weniger Psychosen auf als synton-heitere und schizothyme.

e) Probanden mit psychotischem Elternteil zeigen möglicherweise unter den Geschwistern ein etwas höheres Morbiditätsrisiko als die Vergleichsgruppe.

f) Eine klinisch-pharmakogenetische Untersuchung kommt zu folgenden Schlüssen: Depressive, welche auf Imipramin ansprechen oder resistent bleiben, weisen in der Verwandtschaft ein gleich hohes Morbiditätsrisiko für endogene Psychosen auf. An Hand von 90 Familien, in welchen je 2 blutsverwandte Depressive mit Imipramin behandelt worden sind, wird die Frage einer familiären identischen Ansprechbarkeit bzw. Resistenz untersucht. Endogene Depressionen scheinen dabei gehäuft unter Blutsverwandten gleichsinnig (ansprechend oder resistent) auf Imipramin zu reagieren. Für Depressionen anderer Ätiologie scheint dies nicht zuzutreffen. Die Befunde können nicht als gesichert gelten und sind schwierig zu interpretieren.

Unsere *Untersuchungen zum Verlauf und zur Prognose* endogener Depressionen können nur vorläufige, ungesicherte Ergebnisse liefern. Die Phasenfrequenz ist am höchsten bei manisch-depressiv-schizophrenen Mischpsychosen und bei cyclischen Depressionen; phasische Depressionen und Spätdepressionen (Involutionsmelancholien) rezidivieren seltener. Entsprechend sind die Phasen- und Intervalldauer bei Mischpsychosen und cyclischen Psychosen am kürzesten. Mit steigender Phasenzahl nimmt die Phasendauer nicht zu, sondern bleibt konstant oder verkürzt sich geringgradig. Gesetzmäßig nimmt hingegen die Intervalldauer mit fortschreitender Periodizität ab. Methodisch gestalten sich die Berechnungen dadurch schwierig, daß alle Zahlenwerte stark streuen und asymmetrisch verteilt sind. Einfache arithmetische Mittelwerte sagen darum nur wenig aus. Vertiefte Untersuchungen über die prognostische Bedeutung von Alter, Geschlecht, Intelligenz und anderen klinischen Merkmalen sind noch im Gange.

Zusammenfassend kommt unsere Untersuchung zu folgenden 3 wesentlichen Schlußfolgerungen:

1. In der Ätiologie endogener Depressionen wirken genetische und peristatische Faktoren unmittelbar zusammen. Je später die Psychose ausbricht, desto seltener finden sich statistisch Psychosen in der Verwandtschaft, um so häufiger aber lassen sich krankheitsauslösende Erschütterungen psychischer oder somatischer Art nachweisen. Umgekehrt spielen diese Erschütterungen bei den früher Erkrankten im Vergleich zur genetischen Disposition eine geringe Rolle.

2. Dem Geschlecht kommt in der Ätiologie endogener Depressionen eine bisher unterschätzte Bedeutung zu. Endogene Depressionen finden sich unter Frauen signifikant häufiger als unter Männern. Dies gilt nicht so sehr nur für Census-Untersuchungen der Durchschnittsbevölkerungen und für Klinikaufnahmen, sondern vor allem für Familienuntersuchungen an Blutsverwandten ersten Grades. Die höhere Affinität des weiblichen Geschlechtes zu depressiven Erkrankungen scheint genetisch begründet. Im Gegensatz zu den Sekundärfällen endogener Depressionen verteilen sich die Sekundärfälle cyclischer, manisch-depressiver Psychosen auf beide Geschlechter ungefähr gleich.

3. Die nosologische Einheitlichkeit des manisch-depressiven Krankseins wird in Frage gestellt. Die rein depressiv verlaufenden monophasischen und periodischen Psychosen unterscheiden sich statistisch in manchem von den cyclisch verlaufenden: Es bestehen Unterschiede im Erkrankungsrisiko der Verwandten, im Gefährdungsrisiko der Geschlechter, in der diagnostischen Zuordnung der Sekundärfälle, in der Phasen- und Intervalldauer, in der Phasenzahl, in der prämorbiden Persönlichkeit und vielleicht auch im Körperbau. Die Involutionsmelancholien (Spätdepressionen) sind nosologisch wahrscheinlich den phasischen (monophasischen und periodischen) endogenen Depressionen zuzuordnen, zeigen aber keine sicheren Beziehungen zu den cyclischen Psychosen.

Literatur

ALBRECHT, P.: Die psychischen Ursachen der Melancholie. Mschr. Psychiat. Neurol. 20, 65—79 (1906).

ALSTRÖM, C. H.: Mortality in mental hospitals with especial regard to tuberculosis. Acta psychiat. scand. suppl. 24 (1942).

— A study of epilepsy in its clinical, social and genetic aspects. Acta psychiat. scand. suppl. 63 (1950).

AMARK, C.: A study in alcoholism. Clinical, social-psychiatric and genetic investigations. Acta psychiat. scand. suppl. 70 (1951).

ANGST, J.: A clinical analysis of the effects of Tofranil in depression. Longitudinal and follow-up studies. Treatment of blood-relations. Psychopharmacologica 2, 381—407 (1961).

— Antidepressiver Effekt und genetische Faktoren. Arzneimittel-Forsch. 14, 496—500 (1964).

— Genetische Aspekte der antidepressiven Wirkung. 4th Int. Congr. Neuro-Psychopharmacol., Birmingham 1964 (im Druck).

—, R. BATTEGAY und W. PÖLDINGER: Zur Methodik der statistischen Bearbeitung des Therapieverlaufs depressiver Krankheitsbilder. Meth. Inform. Med. 3, 54—56 (1964).

ARETAIOS VON KAPPADOKIEN: In KÜHN, C. G.: Medicorum Graecorum opera quae exstant vol. 24. Leipzig 1828.

ARIETI, S.: Manic-depressive psychosis. In ARIETI, S.: American handbook of psychiatry, vol. I, pp. 419—454: New York: Basic Books, Inc., Publishers, 1959.

ARNOLD, O. H.: Untersuchungen über das manisch-depressive Krankheitsgeschehen. Wien. Z. Nervenheilk. 11, 117—164 (1955).

ASANO, N.: Genetico-clinical study of manic-depressive psychoses. Jap. J. Hum. Gen. 5, 224—253 (1960).

ASTRUP, C., A. FOSSUM, and R. HOLMBOE: A follow-up study of 270 patients with acute affective psychoses. Acta psychiat. scand. suppl. 135 (1959).

BAILLARGER, M.: De la folie à double forme. Ann. méd.-psychol. 6, 369—389 (1854).

BANSE, J.: Zum Problem der Erbprognosebestimmung. (Die Erkrankungsaussichten der Vettern und Basen von Manisch-Depressiven.) Z. ges. Neurol. Psychiat. 119, 576—612 (1929).

BECK, A. T., B. B. SETHI, and R. W. TUTHILL: Childhood bereavement and adult depression. Arch. Neurol. Psychiat. (Chicago) 9, 295 (1963).

BELLAK, L.: Manic-depressive psychosis. New York: Grune & Stratton 1952.

BENON, R.: Mélancholie vraie et psychose périodique. Bull. méd. (Paris) 39, 1228—1232 (1925).

BERGAMASCO, S.: Appunti sulla importanza della eredità specialmente similare della frenosi maniaco-depressiva. Giorn. psichiatr. clin (Ferrara) 46, 1—2 (1908).

BERMAN, H. H.: Order of birth in manic-depressive reactions. Psychiat. Quart. 7, 430 (1933).

BISCHOF, G.: Die erblichen Beziehungen der Psychosen des Rückbildungsalters. Z. ges. Neurol. Psychiat. 167, 105—116 (1939).

BLEULER, E.: Affektivität, Suggestibilität, Paranoia. Halle: Mathold 1906.
— Lehrbuch der Psychiatrie. Berlin, Göttingen, Heidelberg: Springer 1960.

BLEULER, M.: Krankheitsverlauf, Persönlichkeit und Verwandtschaft Schizophrener und ihre gegenseitigen Beziehungen. Leipzig: Georg Thieme 1941.
— Die spätschizophrenen Krankheitsbilder. Fortschr. Neurol. Psychiat. 40, 259—290, 201 bis 207 (1943).
— Familial and personal back-ground of chronic alcoholics. In DIETHELM, O.: Etiology of chronic alcoholism. pp. 110—166. Springfield, Ill.: Charles C. Thomas Publ. 1955.
— Ursachen und Wesen der schizophrenen Geistesstörungen. Dtsch. med. Wschr. 89, 1865 bis 1870, 1947—1952 (1964).

BONNER, C. A.: Psychogenic factors as causative agents in manic-depressive psychoses. In WHITE, W. A., T. K. DAVIS, and A. M. FRANTZ: Manic-depressive psychoses. pp. 121—130. Baltimore: The Williams & Wilkins Company 1931.

BROCKHAUSEN, K.: Über erbbiologische Untersuchungen involutiver Psychosen, insbesondere über erstmalig in der Involution auftretende reine Melancholien. Z. ges. Neurol. Psychiat. 157, 17—34 (1937).
— Erbbiologische Untersuchungen über depressive Psychosen des Rückbildungsalters. Allg. Z. Psychiat. 112, 179—183 (1939).

BROWN, F.: Depression and childhood bereavement. J. ment. Sci. 107, 754—777 (1961).

BUMKE, O.: Umgrenzung des manisch-depressiven Irreseins. Zbl. ges. Neurol. Psychiat. 20, 381—403 (1909).
— Lehrbuch der Geisteskrankheiten. 7. Aufl. München: Bergmann 1948.

CHRISTIANSEN, V. cit. bei SCHOU, II. J.

DELAY, J., M. ROPERT, W. COLIN et B. OGRIZEK: Etude de l'efficacité de l'imipramine (G 22 355) dans le traitement des états dépressifs. Ann. méd.-psychol. 117, 521—535 (1959).

DREYFUS, G. L.: Die Melancholie, ein Zustandsbild des manisch-depressiven Irreseins. Jena: G. Fischer 1907.

EKBLAD, M.: A psychiatric and sociologic study of a series of Swedish naval conscripts. Acta psychiat. scand. suppl. 49 (1948).

ELSÄSSER, G.: Die Nachkommen geisteskranker Elternpaare. Stuttgart: Thieme 1952.

ERNST, K.: „Geordnete Familienverhältnisse" späterer Schizophrener im Lichte einer Nachuntersuchung. Arch. Psychiat. Neurol. 194, 355—367 (1956).
— Die Prognose der Neurosen. Verlaufsformen und Ausgänge neurotischer Störungen und ihre Beziehungen zur Prognostik der endogenen Psychosen (120 jahrzehntelange Katamnesen poliklinischer Fälle). Berlin: Springer 1959.

Ernst, K., und C. Ernst: 70 zwanzigjährige Katamnesen hospitalisierter neurotischer Patientinnen. Schweiz. Arch. Neurol. Neurochir. Psychiat. **95**, 360—415 (1965).

Esquirol, J. E. D.: De Maladies mentales considérés sous les rapports médical, hygiénique et médico-légal. vol. II, p. 170. Paris: J.-B. Baillière 1838.

Essen-Möller, E.: Untersuchungen über die Fruchtbarkeit gewisser Gruppen von Geisteskranken. Acta psychiat. scand. suppl. **8** (1935).

— Psychiatrische Untersuchungen an einer Serie von Zwillingen. Acta psychiat. scand. suppl. **23** (1941).

—, and O. Hagnell: The frequency and risk of depression within a rural population group in Scania. Acta psychiat. scand. suppl. **162**, 28—32 (1961).

Ewalt, J. R., W. A. Strecker, and F. G. Ebaugh: Practical clinical psychiatry. Eighth edition. New York: Mc. Graw-Hill 1957.

Falret, J. P.: De la folie circulaire ou forme de maladie mentale caractérisée par l'alternative régulière de la manie et de la mélancolie. Bull. Acad. méd. (Paris) 1851.

Fitschen, Eleonore: Die Beziehung der Heredität zum periodischen Irresein. Mschr. Psychiat. Neurol. **7**, 127—142, 224—244 (1900).

Flügel, F. E.: Das Bild der Melancholie bei intellektuell Minderwertigen. Z. ges. Neurol. Psychiat. **92**, 634—643 (1924).

Fremming, K. H.: Sygdosrisikoen for Sindslidelser og andre sjaelelige Abnormtilstande i den danske Gennemsnitsbefölkning. Copenhagen: Ejnar Munksgaard 1947.

Fünfgeld, E.: Die Motilitätspsychosen und Verwirrtheiten. Berlin: S. Karger 1936.

Furger, R.: Über den familiären Infantilismus als psychiatrisches Problem. Schweiz. Arch. Neurol. Psychiat. **91**, 250—259 (1963).

Gaupp, R.: Die Depressionszustände des höheren Lebensalters. Münch. med. Wschr. **52**, 1531 bis 1537 (1905).

— und F. Mauz: Krankheitseinheit und Mischpsychosen. Z. ges. Neurol. Psychiat. **101**, 1—44 (1926).

Giliarovski, W. A.: Psichiatrija. Moskva: Gosudarstwennoe Izdatelstwo Medicinskoj, Literatury. 1954.

Hamilton, M., D. A. Pond, and A. Ryle: Relation of C. M. I. responses to some social and psychological factors. J. psychosom. Res. **6**, 157—165 (1962).

Helgason, T.: Epidemiology of mental disorders in Iceland. Acta psychiat. scand. suppl. **173** (1964).

Henderson, D. K., and R. D. Gillespie: A textbook of psychiatry for students and practitioners. 7th ed. New York, Oxford 1950.

Hoch, A., and J. T. McCurdy: The prognosis of involutional melancholia. Arch. Neurol. Psychiat. Chicago **7**, 1—37 (1922).

Hoffmann, H.: Die Nachkommenschaft bei endogenen Psychosen. Genealogisch-charakterologische Untersuchungen. Berlin: Springer 1921.

Hopkinson, G.: The onset of affective illness. Psychiat. Neurol. (Basel) **146**, 133—140 (1963).

— A genetic study of affective illness in patients over 50. Brit. J. Psychiat. **110**, 244—254 (1964).

Huber, H. U.: Statistische Untersuchung über die Lebensverhältnisse späterer Schizophrener in ihrer Kindheit. Med. Diss. Zürich 1954.

Hübner, A. H.: Über die klinische Stellung der Involutionsmelancholie. Allg. Z. Psychiat. **64**, 491—492 (1907).

Jolly, P.: Die Heredität der Psychosen. Arch. Psychiat. Nervenkr. **52**, 492—715 (1913).

Juel-Nielsen, N., M. Bille, J. Flygenring, and T. Helgason: Frequency of depressive states within geographically delimited population groups. 3. Incidence (The Aarhus county investigations). Acta psychiat. scand. suppl. **162**, 69—80 (1961).

Jung, W.: Untersuchungen über die Erblichkeit der Seelenstörungen. Allg. Z. Psychiat. **21**, 534—653 (1864).

Kahlbaum, K.: Die Gruppierung der psychischen Krankheiten und die Eintheilung der Seelenstörungen. Danzig: A. W. Kafemann 1863.

Kallmann, F. J.: The genetics of psychoses. An analysis of 1.232 twin index families. Congr. internat. psychiat. Paris 1950, vol. VI, pp. 1—40. Paris: Hermann & Cie. 1950.

Kallmann, F. J.: The genetics of psychotic behavior patterns. In Genetics and the inheritance of integrated neurological and psychiatric patterns. Res. Publ. Ass. nerv. ment. Dis. 33, 357 (1954).
— Genetic principles in manic-depressive psychosis. In Hoch, P., and J. Zubin: Depression. pp. 1—24. New York: Grune & Stratton 1954.
— Heredity in health and mental disorder. Principles of psychiatric genetics in the light of comparative twin studies. New York: W. W. Norton & Company Inc. 1958.
— The genetics of mental illness. In Arieti, S.: Handbook of psychiatry, vol. I, pp. 175—196. New York: Basic Books, Inc., Publishers 1959.
Kalmus, E.: Untersuchungen über erbliche Belastung. Vortrag. Allg. Z. Psychiat. 62, 230 (1905).
Kielholz, P.: Klinik, Differentialdiagnostik und Therapie der depressiven Zustandsbilder. Documenta Geigy. Acta psychosomatica 2. Basel: J. R. Geigy 1959.
Kind, H.: Welche Fakten stützen heute eine psychogenetische Theorie der Schizophrenie? Eine kritische Übersicht der Literatur der letzten 30 Jahre. Brit. J. Psychiat. (im Druck).
Kinkelin, M.: Verlauf und Prognose des manisch-depressiven Irreseins. Schweiz. Arch. Neurol. Psychiat. 73, 100—146 (1954).
Kleist, K.: Autochtone Degenerationspsychosen. Z. ges. Neurol. Psychiat. 69, 1—11 (1921).
— Über cycloide, paranoide und epileptoide Psychosen und über die Frage der Degenerationspsychosen. Schweiz. Arch. Neurol. Psychiat. 23, 3—37 (1928).
— Fortschritte der Psychiatrie. Frankfurt a. M.: Kramer 1947.
Kolle, K.: Psychiatrie. Ein Lehrbuch für Studierende und Ärzte. 5. Aufl. Stuttgart: Georg Thieme 1961.
Kornhuber, H.: Über Auslösung cyclothymer Depressionen durch seelische Erschütterungen. Arch. Psychiat. Nervenkr. 193, 391—405 (1955).
Kraepelin, E.: Psychiatrie. Ein Lehrbuch für Studierende und Ärzte. 8. Aufl., vol. III, 2. Teil. Das manisch-depressive Irresein. pp. 1183—1395. Leipzig: J. A. Barth 1913.
Kraines, S. H.: The physiologic basis of the manic-depressive illness: a theory. Amer. J. Psychiat. 114, 206—211 (1957).
Kretschmer, E.: Gedanken über die Fortentwicklung der psychiatrischen Systematik. Z. ges. Neurol. Psychiat. 48, 370—377 (1919).
— Körperbau und Charakter. Untersuchungen zum Konstitutionsproblem und zur Lehre von den Temperamenten. Berlin: Springer 1921.
Landis, C., and J. D. Page: Modern society and mental disease. New York 1938. cit. bei Stenstedt 1952.
Landolt, A. B.: Follow-up studies on circular manic-depressive reactions occurring in the young. Bull. N. Y. Acad. Med. 33/1, 65—73 (1957).
Lange, C.: Periodiske Depressioner. Copenhagen 1895. Deutsche Übersetzung: Periodische Depressionszustände und ihre Pathogenese auf dem Boden der harnsauren Diathese. Hamburg und Leipzig: Leopold Voss 1896.
Lange, J.: Katatonische Erscheinungen im Rahmen manischer Erkrankungen. Berlin: Springer 1922.
— Über Melancholie. Z. ges. Neurol. Psychiat. 101, 293—319 (1926).
— Die endogenen und reaktiven Gemütserkrankungen und die manisch-depressive Konstitution. In Bumke, O.: Handb. d. Geisteskrankheiten, vol. VI, II. Teil. pp. 1—231. Berlin: Springer 1928.
— Zirkuläres (manisch-depressives) Irresein. In Just, G.: Handb. d. Erbbiologie des Menschen vol. V/2, pp. 873—932. Berlin: Springer 1939.
— Zirkuläres (manisch-depressives) Irresein. In Gütt, A.: Handb. d. Erbkrankheiten, vol. 4. Leipzig: Georg Thieme 1942.
Langelüddecke, A.: Über Lebenserwartung und Rückfallshäufigkeit bei Manisch-Depressiven. Z. psych. Hyg. 14, 1—14 (1941).
Larsson, T., and T. Sjögren: A Methodological, Psychiatric and Statistical Study of a Large Swedish Rural Population. Acta psychiat. scand. suppl. 89 (1954).
Leonhard, K.: Atypische endogene Psychosen im Lichte der Familienforschung. Z. ges. Neurol. Psychiat. 149, 520—589 (1934).

LEONHARD, K.: Involutive und idiopathische Angstdepression in Klinik und Erblichkeit. Leipzig: Georg Thieme 1937.
— Aufteilung der endogenen Psychosen. Berlin: Akademie Verlag 1957.
LEWIS, A.: Families with manic-depressive psychosis. Eugen. Quart. 6, 130—141 (1959).
LEWIS, N. D. C., and L. D. HUBBARD: The mechanisms and prognostic aspects of the manic-depressive-schizophrenic combinations. In WHITE, W. A., T. K. DAVIS, and A. M. FRANTZ: Manic-depressive psychosis. pp. 539—608. Baltimore: The Williams & Wilkins Co. 1931.
LIPSCHITZ, R.: Zur Ätiologie der Melancholie. Mschr. Psychiat. Neurol. 18, 193—220, 358 bis 381 (1905).
LJUNGBERG, L.: Hysteria. A clinical, prognostic and genetic study. Acta psychiat. scand. suppl. 112 (1957).
LUNDQUIST, G.: Prognosis and course in manic-depressive psychoses. A follow-up study of 319 first admissions. Acta psychiat. scand. suppl. 35 (1945).
LUNN, V.: Diskussionsbemerkung. Acta psychiat. scand. Suppl. 162, 96—100 (1961).
LUXENBURGER, H.: Tuberkulose als Todesursache in den Geschwisterschaften Schizophrener, Manisch-Depressiver und der Durchschnittsbevölkerung. (Ein Beitrag zum Konstitutionsproblem.) Z. ges. Neurol. Psychiat. Orig. 109, 313—342 (1927).
— Vorläufiger Bericht über psychiatrische Serienuntersuchungen an Zwillingen. Z. ges. Neurol. Psychiat. 116, 297—326 (1928).
— Involutionsmelancholie. In GÜTT, A.: Handb. der Erbkrankheiten, vol. 4, p. 105. Leipzig: Georg Thieme 1942.
— Zirkuläres (manisch-depressives) Irresein. Erbbiologischer Teil. In GÜTT, A.: Handb. d. Erbkrankheiten, vol. 4. Leipzig: Georg Thieme 1942.
MADOW, L., and S. E. HARDY: Incidence and analysis for broken families in the background of neurosis. Amer. J. Orthopsychiat. 17, 521—528 (1947).
MAJER, O.: Beitrag zur Erbbiologie involutiver, klimakterischer und reaktiver Depressionen. Z. ges. Neurol. Psychiat. 172, 737—790 (1941).
MAPOTHER, E.: Discussion on manic-depressive psychosis. Brit. med. J. 2, 872—879 (1926).
MAUZ, F.: Die Prognostik der endogenen Psychosen. Leipzig: Georg Thieme 1930.
MAYER-GROSS, W.: Über das Problem der typischen Verläufe. Z. ges. Neurol. Psychiat. 78, 429—441 (1922).
— Die Schizophrenie. Die Klinik. Handb. d. Geisteskrankheiten, vol. IX, pp. 293—578. Berlin: Springer 1932.
—, E. SLATER, and M. ROTH: Clinical psychiatry. London: Cassell and Company Ltd., 1954.
MEYER, H. H.: Zyklothyme Wellen in schizophrenen Psychosen. Zbl. ges. Neurol. Psychiat. 108, 314 (1950).
— Die Therapie der manisch-depressiven Erkrankungen in: Psychiatrie der Gegenwart. Forschung und Praxis, Vol. II, Klinische Psychiatrie, pp. 119—146. Berlin-Göttingen-Heidelberg: Springer 1960.
MEYER, L.: Über circuläre Geisteskrankheiten. Arch. Psychiat. Nervenkr. 4, 139—158 (1874).
MITSUDA, J.: Klinisch-erbbiologische Untersuchung der endogenen Psychosen. Acta genet. 7, 371—377 (1957).
MÜHLING, J.: Unveröffentlichte Arbeit. Zit. nach H. U. HUBER.
MÜLLER, M.: Prognose und Therapie der Geisteskrankheiten. 2. Aufl. Stuttgart: Georg Thieme 1949. — Mündliche Mitteilung 1965.
MÜLLER, W. K.: Melancholie bei eineiigen Zwillingen. Wien. Z. Nervenheilk. 17, 15 (1959).
NEELE, E.: Die phasischen Psychosen nach ihrem Erscheinungs- und Erbbild. Leipzig: Johann Ambrosius Barth 1949.
NOYES, A.: Modern clinical psychiatry. 3rd edition. Philadelphia: W. B. Saunders Co. 1955.
ØDEGAARD, Ø.: Discussion. Eugen. Quart. 6, 137—141 (1959).
PALMER, H. D., and S. H. SHERMAN: The Involutional melancholia process. Arch. Neurol. Psychiat. Chicago 40, 762—768 (1938).
PARE, C. M. B.: Some clinical aspects of antidepressant drugs. In: MARKS, J., and C. M. B. PARE: The scientific basis of drug therapy in psychiatry. pp. 103—113. Oxford, London, Edinburgh, New York, Paris, Frankfurt: Pergamon Press 1965.

Pauleikhoff, B.: Atypische Psychosen. Bibl. psychiat. neurol. **99** (1957).
— Über die Auslösung endogener depressiver Phasen durch situative Einflüsse. Arch. Psychiat. Nervenkr. **198**, 456—470 (1959).
Pedersen, A., R. Poort, and H. I. Schou: Periodical depression as an independent nosological entity. Acta psychiat. scand. **23**, 285—327 (1948).
Petrilowitsch, N.: Zur Problematik depressiver Psychosen. Arch. Psychiat. Nervenkr. **202**, 244—265 (1961).
— Zyklothymie — Endogene Psychosen von depressivem und manischem Typ. Fortschr. Neurol. Psychiat. **32**, 561—624 (1964).
— und K. Heinrich: Zur klinischen Differenzierung endogen-depressiver Erkrankungen. Arch. Psychiat. Nervenkr. **202**, 371—394 (1961).
Pollock, H. M.: Recurrence of attacks in manic-depressive psychoses. In White, W. A., T. K. Davis, and A. M. Frantz: Manic-depressive psychosis. pp. 668—675. Baltimore: The Williams and Wilkins Company 1931.
Rehm, O.: Der depressive Wahnsinn. Zbl. Neurol. Psychiat. **21**, 41—49 (1910).
— Das manisch-melancholische Irresein. (Manisch-depressives Irresein, Kraepelin.) Berlin: Springer 1919.
Ringel, E.: Neue Untersuchungen zum Selbstmordproblem. Unter besonderer Berücksichtigung prophylaktischer Gesichtspunkte. Wien: Brüder Hollinek 1961.
Röll, A., und J. L. Entres: Zum Problem der Erbprognosebestimmung. Die Erkrankungsaussichten der Neffen und Nichten von Manisch-Depressiven. Z. ges. Neurol. Psychiat. **156**, 169—202 (1936).
Rosanoff, A. J., L. M. Handy, and I. Rosanoff-Plesset: The Etiology of manic-depressive syndromes with special reference to their occurrence in twins. Amer. J. Psychiat. **91/2**, 725—762 (1935).
Rotach, S., und A. Hicklin: Mitteilung über Broken Home — Untersuchungen bei Stellungspflichtigen. Vierteljahrsschr. Schweiz. Sanitätsoffiziere **42**, 125—129 (1965).
Rubeli, K.: Untersuchung von Familienbild und Milieuverhältnissen bei 102 Schizophrenen unter spezieller Berücksichtigung des Einflusses dieser Faktoren auf den Verlauf der Psychose. Med. Diss., Zürich 1959.
Rüdin, E.: Einige Wege und Ziele der Familienforschung. Z. ges. Neurol. Psychiat. Orig. **7**, 487—585 (1911).
— Über Vererbung geistiger Störungen. Z. ges. Neurol. Psychiat. **81**, 459—496 (1923).
Rüdin, Edith: Lebensbewährung, Gesundheitsverhältnisse und Herkunft einer bestimmten Gruppe von Einser-Abiturienten und ihrer Verwandtschaft. Z. menschl. Vererb. u. Konstit.-Lehre **30**, 166—211 (1951).
Rümke, H. C.: Psychiatrie, II De Psychosen. Amsterdam: Sceltema & Holkema N. V., 1960.
Sahli, H. R.: Übergänge manisch-depressiver und schizophrener Verläufe. Psychiat. Neurol. (Basel) **138**, 98—125 (1959).
Savage, G. H.: Heredity and neurosis. Brain **20**, 1—21 (1897).
Schaedler, E.: Eine Untersuchung über die Nachfahren von Manisch-Depressiven. Med. Diss., Würzburg 1938.
Schmidt-Kehl, L.: Die Erkrankungswahrscheinlichkeit der Enkel für manisch-depressives Irresein. Allg. Z. Psychiat. **113**, 83—85 (1940).
Schneider, K.: Klinische Psychopathologie, 4. Aufl. Stuttgart: Georg Thieme 1955.
Schnitzenberger, H.: Die Erbanlage in der nächsten Verwandtschaft von 30 Fällen klimakterischer bzw. involutiver Melancholie. Z. ges. Neurol. Psychiat. **159**, 11—23 (1937).
Schott, A.: Beitrag zur Lehre von der Melancholie. Arch. Psychiat. Nervenkr. **36**, 819 (1903).
Schou, H. J.: La dépression psychique. Quelques remarques historiques et pathogéniques. Acta psychiat. scand. **2**, 345—353 (1927).
Schulz, B.: Kinder manisch-depressiver und anderer affekt-psychotischer Elternpaare. Z. ges. Neurol. Psychiat. **169**, 311—412 (1940).
— Sterblichkeit endogen Geisteskranker und ihrer Eltern. Z. menschl. Vererb.-Konstit.-Lehre **29**, 338 (1949).
— Auszählungen in der Verwandtschaft von nach Erkrankungsalter und Geschlecht gruppierten Manisch-Depressiven. Arch. Psychiat. Nervenkr. **186**, 560—576 (1951).

SEELERT, H.: Verbindung endogener und exogener Faktoren in dem Symptomenbilde und der Pathogenese der Psychosen. Berlin: S. Karger 1919.

SELBACH, H.: Klinische und theoretische Aspekte der Pharmakotherapie des depressiven Syndroms. Wien. med. Wschr. 110, 264—268 (1960).

SETHI, B. B.: Relationship of separation to depression. Arch. gen. Psychiat. (Chicago) 10, 486—496 (1964).

SIOLI: Über direkte Vererbung von Geisteskrankheiten. Arch. Psychiat. Nervenkr. 16, 113 bis 150, 599—638 (1885).

SJÖGREN, H.: Neuropsykiatriska sjukdomar i presenium och senium. Nord. Med. 52, 1083 bis 1091 (1954).

SJÖGREN, T.: Genetic-statistical and psychiatric investigations of a West Swedish population. Acta Psychiat. scand. suppl. 52 (1948).

SLATER, E.: Zur Periodik des manisch-depressiven Irreseins. Z. ges. Neurol. Psychiat. 162, 794—801 (1938).

— Zur Erbpathologie des manisch-depressiven Irreseins. Die Eltern und Kinder von Manisch-Depressiven. Z. ges. Neurol. Psychiat. 163, 1—47 (1938).

SØRENSEN, A., and E. STRÖMGREN: Frequency of depressive states within geographically delimited population groups. 2. Prevalence. Acta psychiat. scand. 162, 62—68 (1961).

SOUKHANOFF, S., et P. GANNOUCHKINE: Etude sur la mélancholie. Ann. méd.-psychol. 61, 213—238 (1903).

STAEHELIN, J. E.: Über Depressionszustände. Schweiz. med. Wschr. 85, 1205—1209 (1955).

Statistisches Jahrbuch der Schweiz 1964. Basel: Birkhäuser 1964.

Statistisches Jahrbuch der Stadt Zürich 1962. 58. Jahrg. Statist. Amt der Stadt Zürich, 1962.

STENSTEDT, A.: A study in manic-depressive psychosis: Clinical, social and genetic Investigations. Acta psychiat. neurol. scand. suppl. 79 (1952).

— Involutional melancholia. An etiologic, clinical and social study of endogenous depression in later life, with special reference to genetic factors. Acta psychiat. scand. suppl. 127 (1959).

STRÖMGREN, E.: Zum Ersatz des Weinbergschen „abgekürzten Verfahrens". Zugleich ein Beitrag zur Frage von der Erblichkeit des Erkrankungsalters bei der Schizophrenie. Z. ges. Neurol. Psychiat. 153, 784—797 (1935).

— Beiträge zur psychiatrischen Erblehre. Auf Grund von Untersuchungen an einer Inselbevölkerung. Acta psychiat. scand. suppl. 19 (1938).

— Frequency of depressive states within geographically delimited population groups. 1. Introduction. Acta psychiat. scand. suppl. 162, 60—61 (1961).

TASCHEV, T.: Statistisches über die Melancholie. Fortschr. Neurol. Psychiat. 33, 25—36 (1965).

TELLENBACH, H.: Melancholie. Berlin-Göttingen-Heidelberg: Springer 1961.

TITLEY, W. B.: Prepsychotic personality of patients with involutional melancholia. Arch. Neurol. Psychiat. (Chicago) 36, 19—33 (1936).

TSCHUDIN, A.: Die Behandlung depressiver Zustände mit Tofranil. Praxis 47, 1100 (1958).

VISLIE, H.: Puerperal mental disorders. Acta psychiat. scand. suppl. 111 (1956).

VOGT, R.: Om arvelighet ved manisk-melankolsk sindsygdom. T. norske Laegeforen. 30, 417, 457 (1910).

VORSTER, J.: Über die Vererbung endogener Psychosen in Beziehung zur Classifikation. Mschr. Psychiat. 9, 161—176, 301—369 (1936).

WEINBERG, I., und J. LOBSTEIN: Beitrag zur Vererbung des manisch-depressiven Irreseins. Psychiat. neurol. Bl. 1 A, 339—369 (1936).

WEINBERG, W.: Methodologische Gesichtspunkte für die statistische Untersuchung der Vererbung bei Dementia praecox. Z. ges. Neurol. Psychiat. 59, 39—50 (1920).

WEITBRECHT, H. J.: Zur Typologie depressiver Psychosen. Fortschr. Neurol. Psychiat. 20, 247—269 (1952).

— Depressive und manische endogene Psychosen. In Psychiatrie der Gegenwart, vol. II. Klinische Psychiatrie. pp. 73—118. Berlin-Göttingen-Heidelberg: Springer 1960.

— Psychiatrie im Grundriß. Berlin-Göttingen-Heidelberg: Springer 1963.

— Aus dem Vorfeld endogener Psychosen. (Klinische Beobachtungen zur Frage der „Auslösung".) Nervenarzt 35, 521—529 (1964).

WILDERMUTH, H.: Zirkulär oder schizophren? Z. ges. Neurol. Psychiat. 120, 416—432 (1929).

Woodruff, R., F. N. Pitts, and G. Winokur: Affective disorder: II. A comparison of patients with endogenous depressions with and without family history of affective disorder. J. nerv. ment. Dis. 139, 49—52 (1964).
Wretmark, G.: A study in grief reactions. Acta psychiat. scand. suppl. 136, 292—299 (1959).
Wyrsch, J.: Die Bedeutung der exogenen Faktoren für die Entstehung und den Verlauf des manisch-depressiven Irreseins und der genuinen Epilepsie. Schweiz. Arch. Neurol. Psychiat. 43, 187—203 (1939).
Zerbin-Rüdin, E.: Die endogenen Psychosen (A. Die Schizophrenien. B. Die manisch-depressiven Psychosen). In Humangenetik, Bd. V. Herausgegeben von P. E. Becker. Stuttgart: Thieme (im Druck).
Ziehen, Th.: Psychiatrie. 4. Aufl. Leipzig: Hirzel 1911.